초등학생을
위한
맨 처음
과학
1

초등학생을 위한 맨 처음 과학 1

생활 속의 과학 원리를 찾아라

김태일 글 | 마정원 그림 | 홍준의·최후남·고현덕·김태일 원작

휴먼어린이

초대하는 글

어린이 여러분, 과학 좋아하세요?

"네!" 하고 크게 대답하는 소리가 들리는 듯하군요.

그런데 이상하게 중학생만 되면 과학을 많이 어려워합니다. 싫어하는 과목으로 서슴없이 '과학'을 꼽기도 하고요. 이해하기 어렵고 외워야 할 것이 너무 많다나요. 과학을 가르치는 선생님으로서 참 안타깝고 마음이 무거웠답니다. 기본 원리만 잘 이해하고 과학적으로 생각하는 방법만 익히면 누구나 과학을 어렵지 않게 공부할 수 있을 텐데 말이죠.

이렇게 똑같이 고민하던 네 명의 과학 선생님이 모여서 "멋진 과학 교과서 하나 만듭시다!" 하고 만든 책이 바로 중·고등학생용 《살아있는 과학 교과서》랍니다. 선생님들은 "어떻게 하면 아이들이 과학의 기본 원리를 익히고 과학적으로 생각하는 즐거움을 맛보게 할 수 있을까? 또 어떻게 하면 과학이 우리의 생활과 뗄 수 없는 관계라는 것을 느끼게 할 수 있을까?" 하는 질문에 대한 해결책을 책에 담고자 많은 노력을 했답니다.

《초등학생을 위한 맨처음 과학》은 《살아있는 과학 교과서》를 초등학생 독자들도 알기 쉽게 만화로 만든 것이랍니다. 어려운 책을 단순히 만화로 바꾸기만 한다고 쉽게 이해되는 것은 아니겠지요? 그래서 만화로 만드는 과정에서 초등학생이 이해하기 어려운 부분은 쉽게 풀어내고, 새로 알아야 할 내용은 추가했답니다. 그리하여 초등학생에게 적합한 과학책으로 다시 태어났답니다.

《초등학생을 위한 맨처음 과학》에는 과학의 기본 원리나 과학적으로 생각하는 방식이 발명가 아저씨와 아이들의 대화 속에 자연스럽게 스며들어 있습니다. 아저씨와 아이들은 특별한 사람이 아닙니다. 여러분의 삼촌이나 이웃을 떠올리며 아저씨를 그렸고, 아이들도 바로 여러분의 모습을 담아냈습니다. 아저씨와 아이들은 좌충우돌하며 주변에서 일어나는 일에 대해 자연스럽게 고민하고 과학적으로 해결해 나갑니다. 이들의 대화 속에는 과학적 개념이 녹아 있으며, 과학적으로 생각하는 과정이 살아 있습니다. 여러분도 이렇게 과학을 공부하면 좋겠습니다. 책을 통해 알게 된 사실을 친구나 부모님과 자연스럽게 얘기를 나누는 과정이 바로 과학 공부지요.

  이 책에는 과학 개념과 생각할 거리가 많이 들어 있습니다. 그렇다고 '과학 공부'만 앞세운 딱딱한 책은 절대 아니에요. 과학을 쉽게 배우는 동시에 이야기를 읽는 즐거움까지 느낄 수 있도록 애썼답니다. 독특한 성격의 아이들, 풍부한 상상력과 기발한 아이디어를 가진 아저씨가 날리는 한마디 한마디가 새로운 즐거움을 가져다줄 것입니다. 자, 이제 함께 과학이 펼치는 풍부한 이야기 속으로 빠져들어 볼까요?

2016년 9월

김태일

등장인물

발명가 아저씨

엉뚱한 상상력으로 희한한 발명품들을 만들지만 늘 실패한다.
동네 아이들에게 친절하게 과학을 설명하는 순수한 아저씨.

팽숙

전교 1등을 놓쳐 본 적이 없는 우등생.
하지만 잘난 체를 너무 많이 한다는 단점이 있다.

영배

조금 바보스럽지만 번뜩이는 생각을 많이 쏟아 낸다.
착하고 다정다감하다.

철수
영배의 단짝 친구. 축구를 좋아한다.
메시 같은 축구 선수가 되는 것이 꿈.

을미
조용하지만 과학에 대한 호기심이 많고
자연에 대한 감성은 누구보다 섬세하다.

덕구
발명가 아저씨네 집에서 사는 강아지.

차례

초대하는 글	4
등장인물	6

1 과학은 어떻게 시작되었을까?   10

2 힘

01 식물이 물을 끌어올리는 힘	22
02 지각에서 작용하는 힘	32
맨틀의 대류 운동	42
03 자연계의 힘과 운동	44
04 힘과 운동의 법칙	54
야구로 보는 뉴턴의 운동 법칙	66
05 원자들을 결합시키는 힘	68
원심력의 정체	82

3 소리

01 소리는 어떻게 생겨날까? — 86
02 소리는 어떻게 퍼져 나갈까? — 96
　　소리의 세기와 소음 — 108
03 소리를 듣는 기관, 귀 — 110
　　머리로도 소리를 듣는다? — 120
04 생물이 내는 소리 — 122
　　소리를 저장하라 — 132

4 열

01 물질의 상태를 바꾸는 열 — 136
　　남극과 북극, 어떻게 다를까? — 146
02 온도와 열의 이동 — 150
03 동물의 체온 유지 — 160
　　동물은 어떻게 체온을 유지할까? — 170
　　갈라파고스 섬에는 왜 양서류가 없을까? — 172
04 대기 중의 열 순환 — 176

세상을 빛낸 과학, 과학자들 — 186

1 과학은 어떻게 시작되었을까?

신이 우주를 다스리다

인류의 조상은 400만 년 전 지구에 처음 나타났습니다.
호기심 많던 그들은 주변 환경에서 많은 것을 알아냈지요.
돌을 부딪치면 불이 일어난다거나, 불 속에 들어간 점토가 새로운 성질을
갖는 것을 알게 되어 토기를 만든다거나, 들판에서 이런저런 풀을
뜯어 먹다가 독초를 씹어 목숨을 잃기도 했어요.
그 과정에서 약초를 찾아내기도 했을 거예요.
하지만 그들은 자연을 과학적으로 이해하지는 못했어요.
그저 모든 것이 신의 뜻이라고 생각했지요.
자연 현상도, 자신들의 삶도 모두 신이 주관한다고 믿었습니다.
따라서 신을 달래는 것은 삶의 중요한 영역이 되었고,
주술사들의 영향력이 매우 컸습니다.

해와 달과 별은 언제 어떻게 생겨났을까?
그것들은 왜 떴다가 지는 걸까?
산과 강과 풀과 나무와 돌, 그리고 모든 생명체는 어떻게 생겨났으며,
왜 생겼다가 스러지는 걸까?

| 자연의 법칙을 탐구하다 |

인류가 자신과 자신을 둘러싼 세계에 대해 근원적인 질문을 던지기
시작한 때는 기원전 1000년에서 500년 사이라고 합니다.
이 시기에 중국에서는 《주역》이 성립되었고,
그리스에서는 고대 자연 철학이 싹트기 시작했습니다.

유럽 문명의 시조인 탈레스는 만물의 근원은 물이라고 했습니다.
철학자 탈레스는 지구는 커다란 바다 위에 떠 있는 편평한 판이며,
나무와 돌은 물이 변한 것이라고 믿었습니다.

논리적 설명을 시도하다

단지 머릿속 생각만이 아니라 객관적 관찰을 통해 얻은 사실을 바탕으로 자연 현상을 설명하기 시작한 것은 아리스토텔레스가 등장한 이후부터라고 할 수 있습니다.

지구는 편평해!

당연하지~

아니야. 지구는 둥근 것이 아닐까?

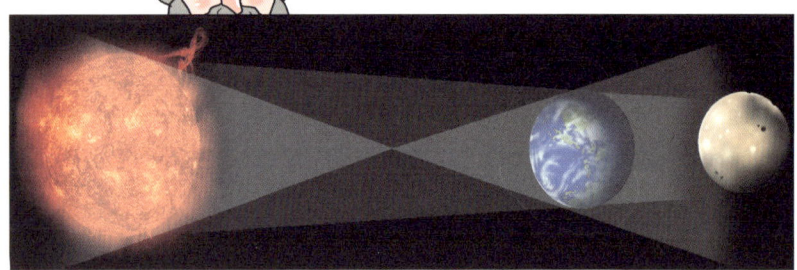

지구의 그림자

월식 때, 달에 비친 지구의 그림자가 둥글다.

아리스토텔레스는 월식 때 달에 비친 지구의 그림자나, 배가 수평선 위로 서서히 나타나는 모습을 보고 지구가 둥글다고 생각했지. 또한 어떤 주장을 하려면 그것이 논리적 설명으로 뒷받침되어야 한다고 강조했어.

자연을 관찰하는 것은 결코 간단한 일이 아닙니다.
자연이 항상 질서를 유지하는 것도 아니며, 사물들 사이에 어떤 연관성이
있는 것처럼 보이는 경우도 많지 않기 때문입니다.
똑같은 자연 현상을 관찰하고도 저마다 다르게 설명하기도 하지요.

자연의 비밀을 정확히 알아내려면 논리적이고 체계적인 설명이
필요하다는 점을 인식한 것은 과학 발달의 중요한 출발점이 되었지요.
이 같은 생각을 토대로 뒷날 누구나 객관적으로 인정할 수 있는
과학 이론과 법칙들이 등장한 것이랍니다.

| 과학사, 질문과 탐구의 역사 |

과학은 자연에 대한 호기심과
탐구심에서 시작되었습니다.
'내가 알고 있는 것이 진실일까?',
'이것이 과연 옳은 것일까?' 하는
끊임없는 질문들이 과학의 역사를 만든 것이지요.
고대 그리스에서 철학과 더불어 태동한 과학은
중세를 지나는 동안 종교의 틀 속에 갇혀
암울한 시기를 보내기도 했습니다.

그러나 문예 부흥 운동으로
일컬어지는 르네상스와 종교 개혁을
거치는 동안 과학은 종교로부터
벗어나 새로운 기틀을 마련했습니다.
그리고 17세기에 이르러 실험과 논리를
바탕으로 새로운 방법론을 내세우며
철학과 구분되는 새로운 영역을
만들어 나갔습니다.

과학의 역사는 진리 탐구의 역사입니다.
우리는 진리라는 것이 새롭게 바뀔 수도 있다는 사실을 알고 있습니다.
그동안 내가 믿어 온 것들에 대해 '왜?'라는 질문을 던지는
순간 새로운 탐구가 시작되는 것입니다.

아이작 뉴턴(1642~1727)
영국의 과학자이자 수학자.
"플라톤과 아리스토텔레스는 나의 친구다.
그러나 내 가장 친한 벗은 진리다."라는
그의 말처럼 고대 자연 철학을 넘어서
근대 과학의 기틀을 마련했다.

2 | 힘

01 식물이 물을 끌어올리는 힘 | 02 지각에서 작용하는 힘 | 03 자연계의 힘과 운동
04 힘과 운동의 법칙 | 05 원자들을 결합시키는 힘

01 식물이 물을 끌어올리는 힘

식물은 살아가기 위해 광합성을 해야 하는데, 이때 물이 필요합니다. 중력을 거슬러 식물의 꼭대기까지 물을 끌어올리는 힘은 어디에서 나오는 것일까요?

뉴턴
영국의 물리학자, 천문학자, 수학자, 근대 이론 과학의 선구자

❶ 물은 광합성의 원료

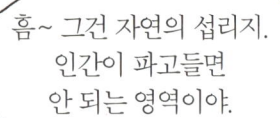

❷ 삼투 현상

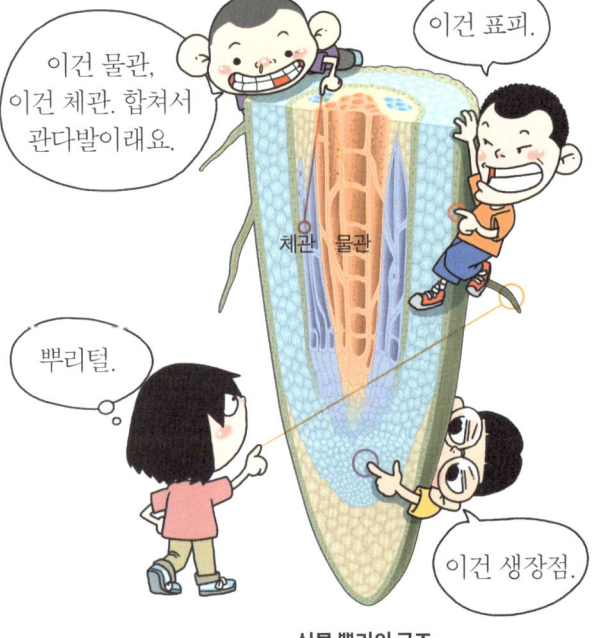

식물 뿌리의 구조

❸ **모세관 현상**

물 분자들은 언제나 서로 붙으려는 성질이 있어서 맨 앞의 물 분자가 어디로 가든지 그 뒤를 다른 물 분자들이 따라가거든.

물 분자들에게 화장지를 대 주면 쭉 빨려 올라가지?

이건 화장지 안의 섬유가 물을 빨아들이기 때문인데, 식물에는 이것과 같은 물관이 있어.

물관이 물을 끌어올리는 힘은 물 분자가 서로 결합하려는 힘보다 강해서 물이 끌려 올라가게 되지.

따라와!
와~ 와~

물관이 가늘수록 물을 높이 끌어올릴 수 있어.

얼마나 가는데요?

물관은 보통 75㎛ 정도의 굵기이고 뿌리에서 잎까지 연결되어 있어.

그런데 ㎛가 뭐예요?

마이크로미터라 읽고, 1㎛는 0.0001mm의 크기야.

머리카락은 40~70㎛지! 흥!

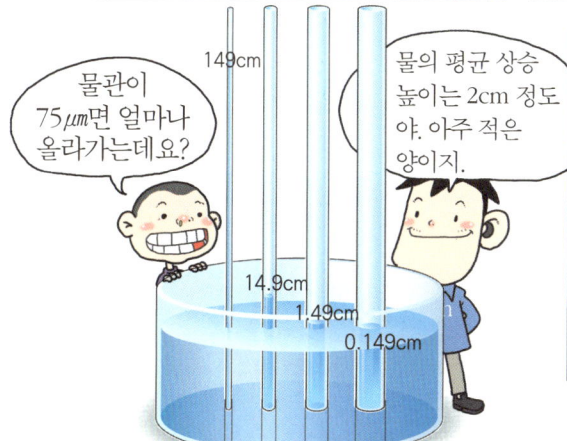
물관이 75㎛면 얼마나 올라가는데요?

물의 평균 상승 높이는 2cm 정도야. 아주 적은 양이지.

149cm
14.9cm
1.49cm
0.149cm

지름 1㎛ 10㎛ 100㎛ 1000㎛

이렇게 가는 관을 따라 물이 올라가는 걸 모세관 현상이라고 해.

바로 두 번째 원리입니다.

❹ 증산 작용

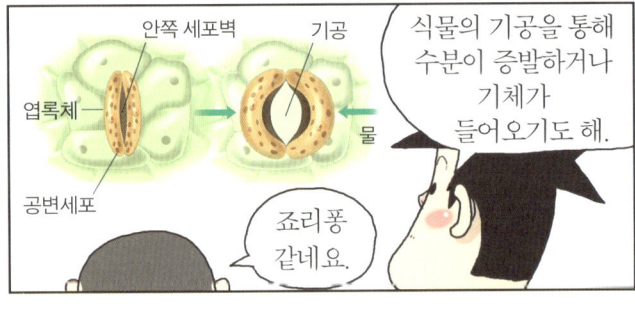

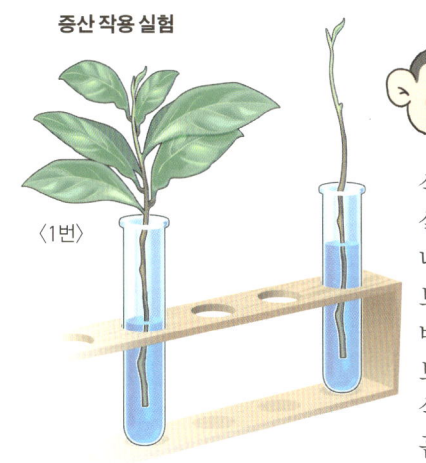

식물 잎의 구조

02 지각에서 작용하는 힘

우리가 발을 딛고 서 있는 땅은 지구의 껍질에 해당하는 부분으로 지각이라고 해요. 이 지각이 서서히 움직이고 있다면 믿을 수 있겠어요?
거대한 지각을 움직이는 힘은 어디에서 오는지 알아볼까요?

❶ **지각의 움직임**

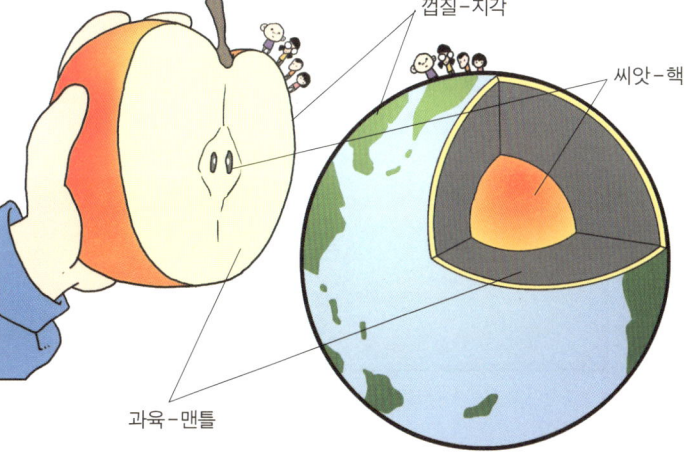

02 지각에서 작용하는 힘 35

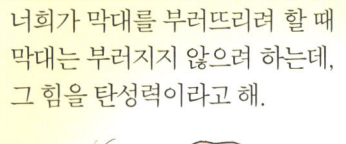

단층의 생성 과정

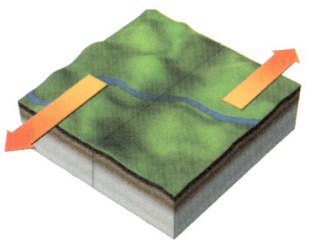
❶ 어긋난 구조에 서로 다른 방향으로 힘이 작용한다.

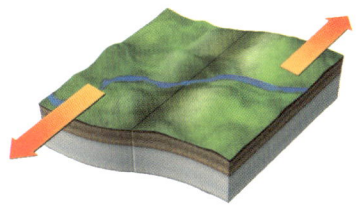
❷ 단층면에서 멀리 떨어진 지역은 상당한 위치 변화가 나타난다.

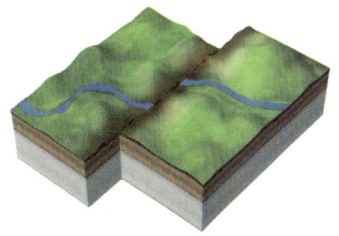
❸ 단층 양쪽이 갑자기 이동하면서 끊어지고 지진이 발생한다.

❷ 상하로 움직이는 지각

조륙 운동의 원리

지각을 덮고 있던 빙하가 녹거나 침식 등에 의해 지각이 가벼워지면 위로 솟아오르며(융기 운동), 퇴적 등에 의해 지각이 무거워지면 아래로 가라앉는다(침강 운동). 이러한 지각의 융기·침강 운동을 조륙 운동이라 한다.

 교과서 밖 과학

맨틀의 대류 운동

겉으로 보기에 지각은 매우 평온하고 움직이지 않는 것처럼 보인다. 그러나 거대한 지각도 아주 오랜 시간에 걸쳐 서서히 움직이고 있으며, 이 지각을 움직이는 강력한 원동력은 지각 아래쪽에 있는 맨틀의 대류 운동이다. 맨틀은 유동성 있는 고체 물질로 전 지구적으로 움직이고 있다. 그리고 이러한 맨틀에 실려 지각은 갈라지거나 서로 충돌하면서 다양한 변동을 일으킨다. 대규모의 지진이나 화산 활동은 바로 이러한 지각의 움직임에 의해 일어나는 현상들로, 대개 지각이 서로 다른 방향으로 이동하는 경계 지역에서 나타나고 있다.

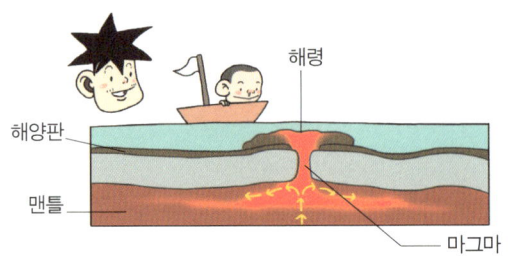

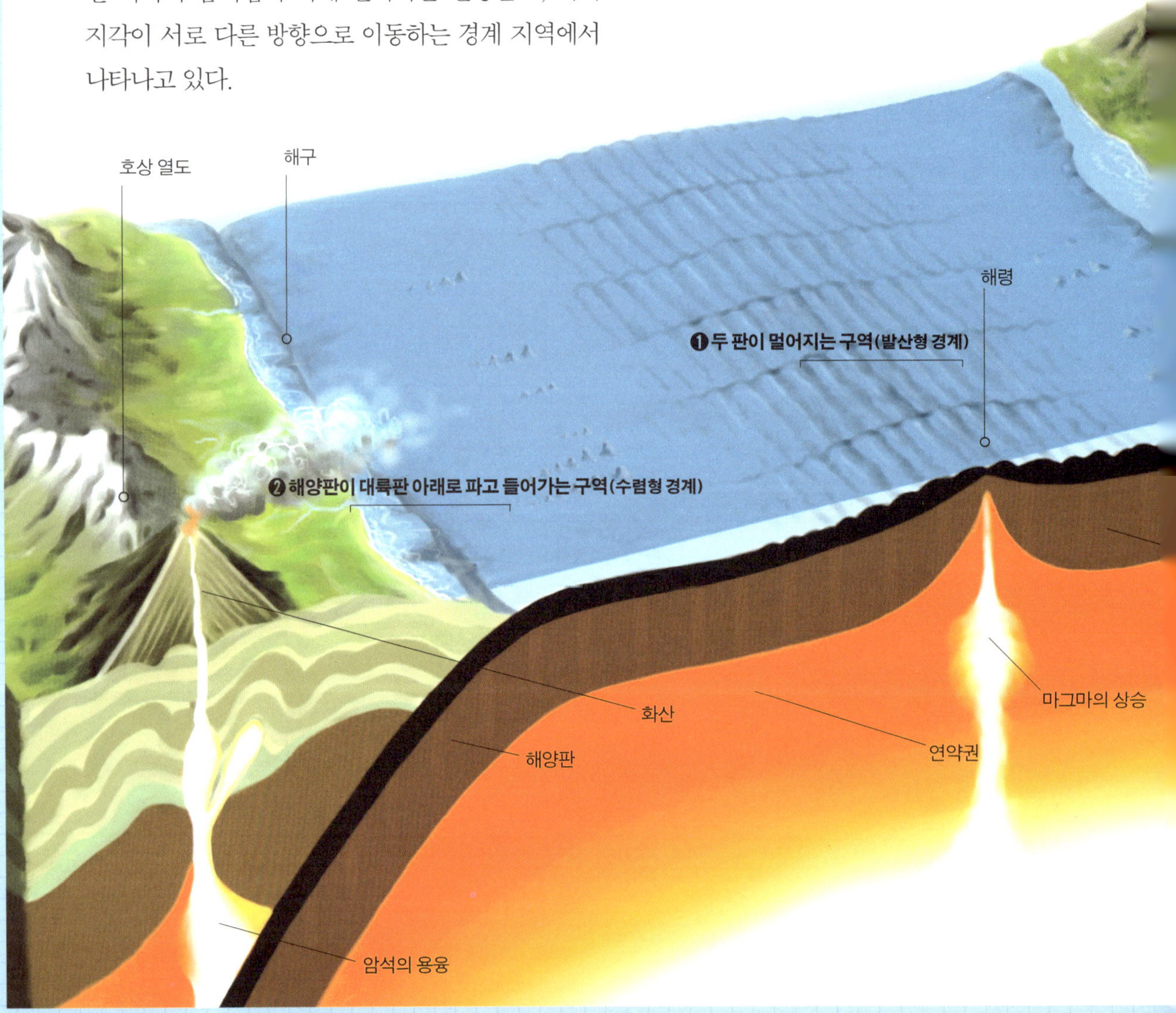

❶ **두 판이 멀어지는 구역**
두 판이 서로 멀어짐에 따라 지구 내부에서 마그마가 분출되어 나온다. 이 마그마가 바닷물에 의해 식으면서 굳어지면 암석이 되면서 새로운 해양 지각이 생성된다.

❶ **두 판이 멀어지는 구역** (발산형 경계)

❷ **해양판이 대륙판 아래로 파고 들어가는 구역** (수렴형 경계)

호상 열도 · 해구 · 해령 · 화산 · 해양판 · 마그마의 상승 · 연약권 · 암석의 용융

❷ 해양판이 대륙판 아래로 파고 들어가는 구역

해양판이 대륙판 아래로 파고 들어가는 곳으로, 이곳에는 깊은 해구가 생긴다. 두 판의 마찰에 의해 마그마가 분출되고, 지진이 일어나는 곳이 많다.

❸ 두 대륙판이 충돌하는 구역

두 대륙판이 만나는 곳에서는 두 판이 충돌하면서 찌그러지고 접어진다. 이러한 충돌의 결과 큰 습곡 산맥이 만들어지기도 한다. 세계에서 가장 높은 히말라야 산맥, 유럽 알프스 산맥은 이러한 방식으로 만들어졌다.

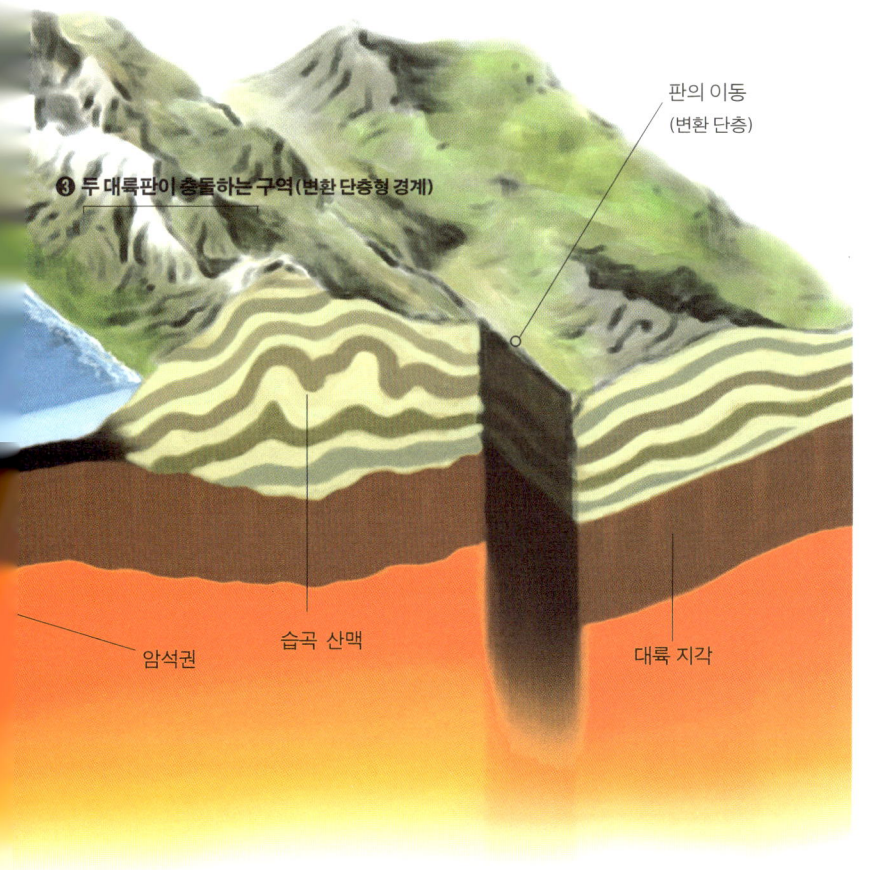

변환 단층

변환 단층은 판이 서로 다른 방향으로 수평 이동하는 곳에서 형성된다. 위 지역의 경우 점선을 경계로 양쪽 지역의 지층이 끊어진 모습을 볼 수 있다.

호상 열도

호상 열도는 해구를 따라 평행하게 분포하는 긴 화산섬으로, 두 해양판이 충돌하는 경계 지역에서 높은 열과 압력에 의해 발생한 마그마가 분출하면서 형성된다.

해령

해령은 마그마의 상승으로 인해 새로운 해양 지각이 생성되는 곳이다. 해저 화산 활동으로 많은 광물이 녹아 있는 분수가 마치 굴뚝의 연기처럼 분출되고 있다.

03 자연계의 힘과 운동

주변을 둘러보면 바람이 불고, 자전거가 달리고, 야구공이 날아가고, 비행기가 나는 모습을 볼 수 있어요.
우리 주변에는 이처럼 움직이는 물체가 수없이 많아요. 움직이는 물체의 운동을 과학에서는 어떤 원리로 설명할까요?

❶ 아리스토텔레스의 운동관

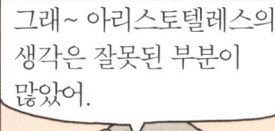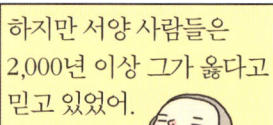

❷ **갈릴레이의 실험**

갈릴레이(1564~1642)
이탈리아의 천문학자, 물리학자, 수학자. 진자의 등시성 및 관성의 법칙 발견, 코페르니쿠스의 지동설을 지지함.

❸ 뉴턴, 힘의 개념을 세우다

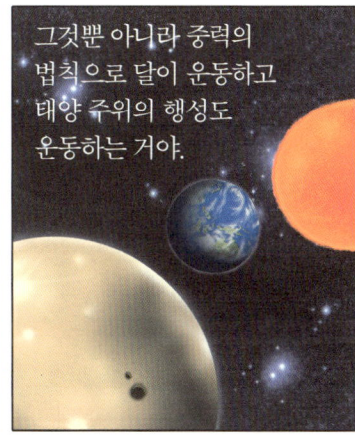

과학 톡톡

기원전 350년

물체의 운동에 대해 처음으로 생각한 사람은 아리스토텔레스야.
아리스토텔레스는 벽돌이 깃털보다 먼저 떨어지는 것을 보고,
무거운 것이 가벼운 것보다 먼저 떨어진다고 결론 내렸지.
지금은 잘못됐다는 걸 누구나 알고 있지만 2,000년 동안 아무도
확인해 보지 않았어.

1507년

1580년

사람들이 코페르니쿠스의 생각을 받아들일 수 없었던 이유는 다음과 같아.
만약 그의 생각이 사실이라면, 태양이 별자리 사이를 지나가는 운동을 하는 것은 지구가 태양의
주위를 엄청나게 빠른 속력으로 돌기 때문에 나타나는 것일 텐데, 이것은 불가능하다고 생각했어.
그들은 지구가 돌고 있다면 새와 구름과 건물은 뒤로 처지고 말 것이라고 생각했어.
이 수수께끼는 다음 사람이 풀게 돼.

1590년

갈릴레이는 공을 빗면에서 굴리고, 수평면에서 굴리고, 방에서 던지면서
공의 궤적을 매우 정밀하게 측정하는 실험을 했어. 그리고 놀랄 만한 발견을 했지.
떨어지는 공은 중력이 계속 작용하여 끌어당김에 따라 점점 더 빨라지지만,
힘이 전혀 작용하지 않는 수평면에서 굴러가는 공은 일정한 속력을 유지한다는 사실이었어.
바로 '관성'을 발견한 것이지. 관성이란 물체에 힘이 작용하지 않으면
정지해 있거나 일정한 속력으로 계속 운동하는 성질을 말해.

1666년 이후

뉴턴 이전에는 달이 지구 주위를 계속 돌거나 행성이
태양의 주위를 도는 원인을 아무도 몰랐어.
사람들은 달이나 행성의 뒤에서 보이지 않는 힘으로
신이 밀고 있다고 생각했지. 하지만 뉴턴은 정답을 알아냈어.
바로 '중력'이야.

04 힘과 운동의 법칙

행성의 운동을 지배하는 중력의 법칙을 알아낸 뉴턴은 힘이 물체를 어떻게 움직이게 하는가를 설명하는 세 가지 법칙도 발견했어요.
이 '운동의 법칙'은 물리학뿐 아니라 우리 주변에서 일어나는 모든 운동의 기초가 되고 있답니다.
운동의 세 가지 법칙이 무엇인지 함께 알아볼까요?

우왓! 엄청나게 빠르네~

으음….

내가 전부터 생각해 본 건데

내가 여기서 점프하면 기차만 앞으로 가지 않을까?

❶ 관성의 법칙

* 시속 300km = 300,000m/3,600s = 83m/s = 초속 83m
* 고속열차가 0.4초 동안 이동하는 거리 = 속력 × 시간 = 초속 83m × 0.4s = 33m

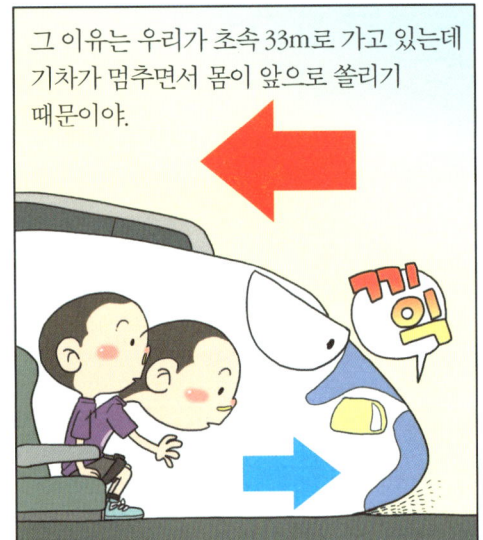

❷ 힘과 가속도의 법칙

  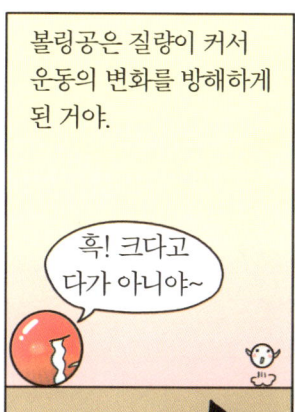

물체에 작용하는 힘 = 물체의 질량 × 가속도
F = m × a

이런 공식이 나오지.

❸ 작용과 반작용의 법칙

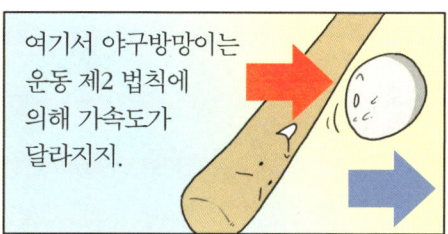

 교과서 밖 과학

야구로 보는 뉴턴의 운동 법칙

야구에는 뉴턴의 운동 법칙이 거의 모든 과정에 적용된다. 투수가 공을 던지고, 타자가 공을 친 다음 뛰어가고, 타자가 친 공이 날아가는 방향을 수비수가 예측하여 잡고, 이 공을 다시 던지고…. 야구의 이 모든 과정은 뉴턴의 운동 법칙으로 설명할 수 있다. 모든 스포츠가 그러하듯이, 선수마다 똑같은 물리 법칙이 적용되지만 선수의 기량과 감독의 작전에 따라 경기 결과는 달라진다. 야구는 9회 말이 끝나 봐야 아는 것 아닌가!

그러면 야구에서 뉴턴의 운동 제2 법칙과 관련된 것들은 무엇인가? 투수가 던진 공이 직선이 아니라 작은 포물선을 그리는 것이나 타자가 친 공이 큰 포물선을 그리며 날아가는 것, 이 공이 날아가는 위치를 수비수가 예측하여 공을 잡아내는 것, 제대로 맞은 공이 멋진 홈런이 되는 것 등은 모두 뉴턴의 운동 제2 법칙으로 설명할 수 있다. 운동의 제2 법칙에 따르면, 공에 중력 이외에 다른 어떤 힘도 작용하지 않는다면 야구공은 포물선을 그린다. 따라서 45°로 공을 쳐낼 때 가장 멀리까지 날아간다. 그러나 실제로는 공기 저항이 있으므로 이보다 낮은 30~40°의 각도로 쳐야 멀리까지 날아가 홈런이 된다.

관성의 법칙과 관련된 재미있는 행동을 살펴보자. 타자가 공을 친 다음 1루로 달려갈 때는 있는 힘을 다해 달려 1루 베이스에 멈추지 않고 그대로 통과한다. 그런데 2루나 3루 또는 홈으로 달려가는 주자는 베이스에 멈추려고 슬라이딩을 한다. 왜 그럴까? 야구 규정상 1루 베이스는 밟고 지나가도 되지만 2루·3루·홈 베이스는 공이 왔을 때 밟고 있어야 하기 때문이다. 따라서 관성이 큰 주자는 효과적으로 베이스에 멈추기 위해 슬라이딩을 한다. 주자는 자신의 온몸을 땅과 마찰시켜 마찰력을 최대로 하여 베이스에 멈추는 것이다.

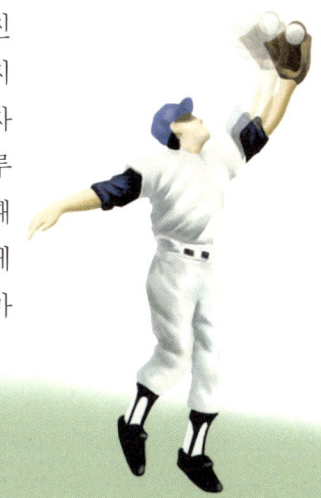

뉴턴의 운동 제3 법칙인 작용과 반작용의 법칙은 타자에게 적용된다. 타자가 날아오는 야구공을 방망이로 치면 방망이는 그 반작용에 의해 뒤로 밀리는 힘을 받는다. 이때 공이 방망이에 맞는 위치에 따라 타자에게 가해지는 충격량의 크기는 달라진다. 반작용에 의해 타자가 충격을 가장 적게 받는 위치를 '진동의 중심'이라고 한다. 투수가 던진 매우 빠른 공을 받아 내는 포수에게도 작용과 반작용의 법칙이 적용된다.

포수와 공 사이에서 일어나는 작용과 반작용의 법칙에 의해 공은 멈추고 포수는 뒤로 밀리는 힘을 받는다. 포수의 질량이 공보다 훨씬 더 크기 때문에 실제로 포수가 뒤로 넘어지지는 않지만, 만화에서는 이런 현상을 과장되게 표현하여 포수가 뒤로 벌렁 넘어지기도 한다.

05 원자들을 결합시키는 힘

물질을 이루는 가장 작은 알갱이는 원자이고, 지금까지 발견된 원자의 개수는 110여 가지뿐이랍니다. 그런데 이러한 원자들이 결합하여 만든 물질의 종류는 수없이 많지요. 물질을 이루는 원자들은 어떤 힘의 작용으로 서로 결합하는 것일까요?

이것 봐. 더는 자를 수가 없어.

홍! 현미경으로 보면 사정이 달라질걸?

우리 눈에 보이지 않을 뿐이지 계속 자를 수 있어.

팽숙이 말이 맞아.

하지만 계속 자를 수는 없지.

❶ 원자란 무엇인가?

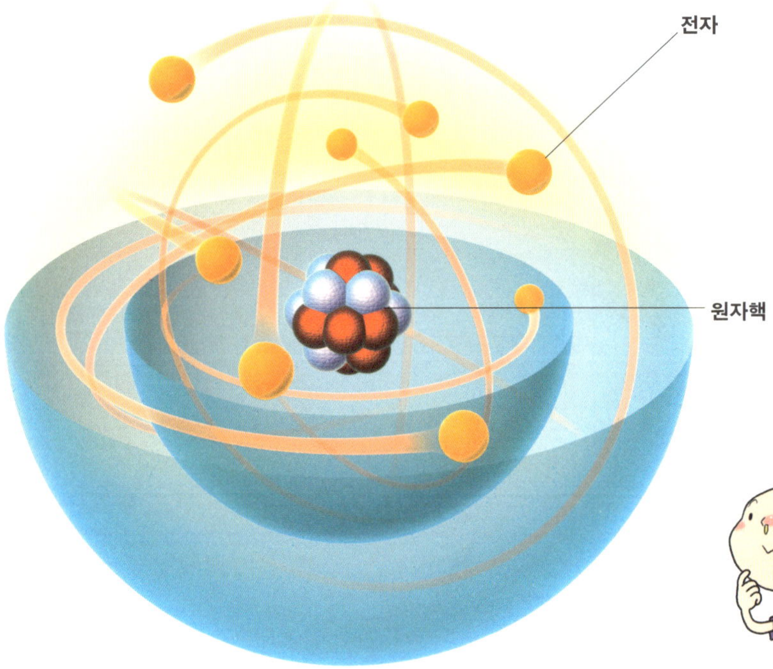

전자

원자핵

이처럼 원자는 원자핵과 여러 개의 전자로 구성되어 있어.

그럼 원자는 얼마나 작은 거죠?

나도 궁금해.

팽숙이 마음씨만큼 작을걸?

빠직!

원자는 1억 배 확대하면 탁구공만 해진단다. 그 탁구공을 또 1억 배 확대하면 지구 크기가 돼.

50만 개의 원자를 한 줄로 세워도 모두 머리카락 뒤에 숨을 수 있지.

꼭꼭 숨어라, 머리카락 보일라~

이처럼 원자는 매우 작은 알갱이란다. 일반 현미경으로는 보이지도 않아.

❷ 원자의 결합

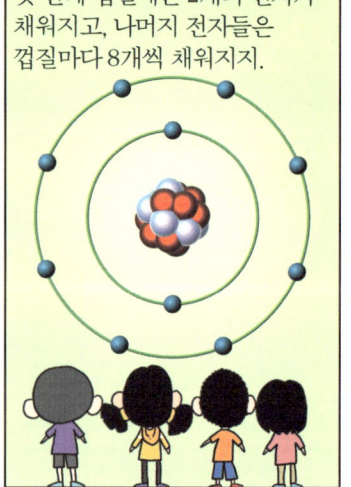

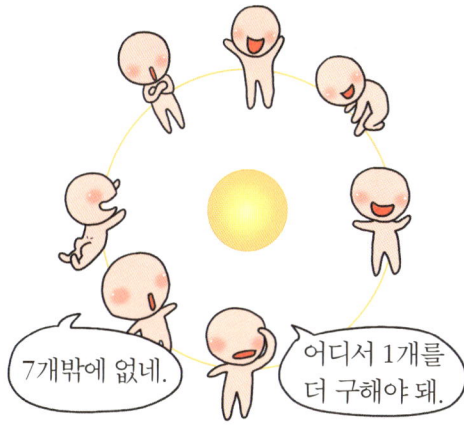

❸ 이온 결합

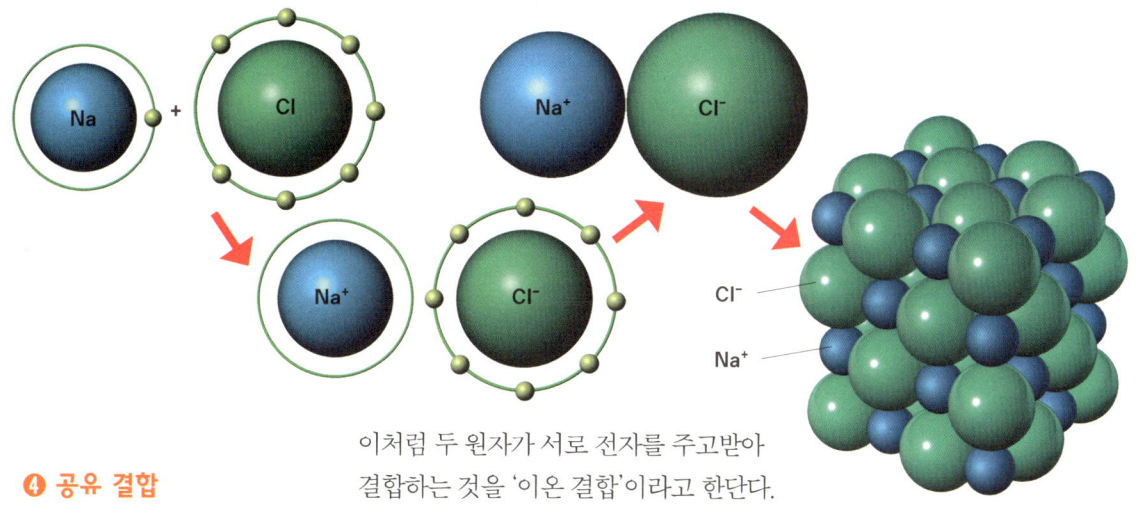

이처럼 두 원자가 서로 전자를 주고받아 결합하는 것을 '이온 결합'이라고 한단다.

❹ 공유 결합

05 원자들을 결합시키는 힘

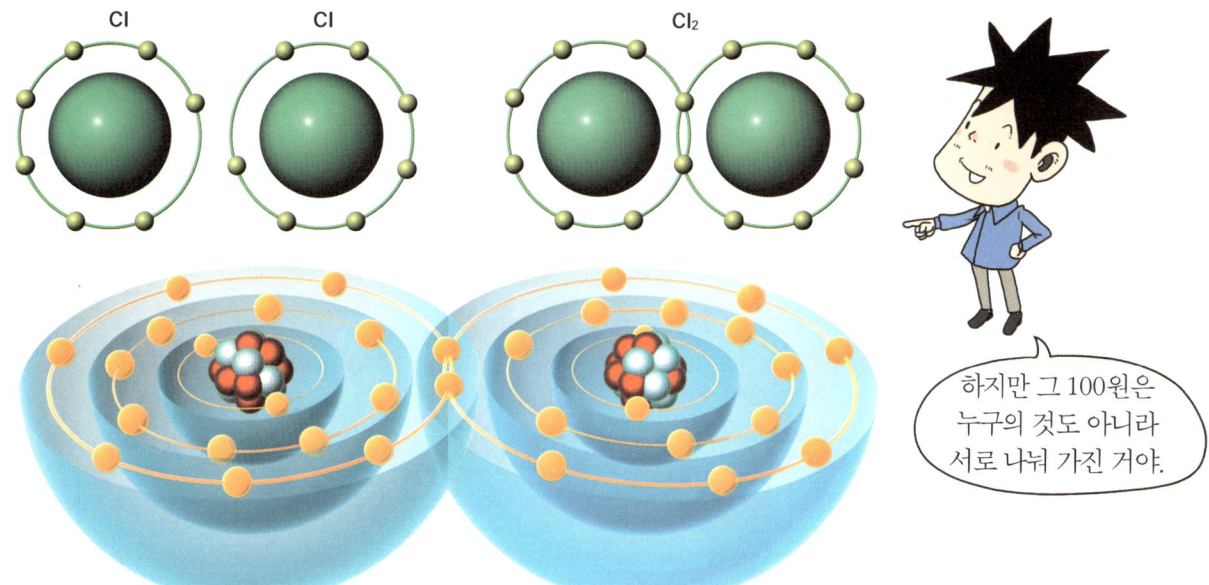

❻ 원자들의 결합 방식

<원자들의 결합 방식>

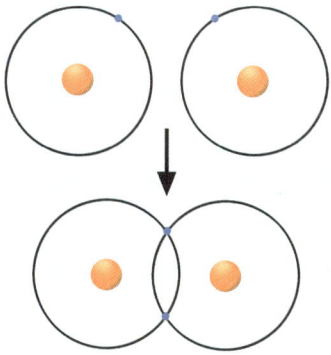
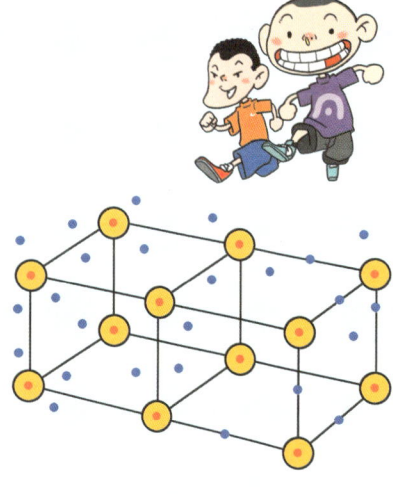

이온 결합
전자를 주기 쉬운 원자와 받기 쉬운 원자 사이에서 일어난다. 전기적으로 강하게 결합되어 있어 녹는점과 끓는점이 높다.

공유 결합
산소와 같은 원자는 두 원자가 전자를 서로 공유하는 결합 방식을 갖는다. 이온 결합에 비해 결합력은 약한 편이다.

금속 결합
자유 전자들이 금속 이온들을 둘러싸고 돌아다니면서 결합을 유지한다. 전기가 잘 통하고, 반짝거리는 것이 금속의 특징이다.

 과학 톡톡

전자
한 원자를 구성하는 각각의 전자들은 원자 내의 모든 공간을 자유롭게 다니지 못하고 핵 주위에 일정한 거리를 둔 에너지 준위에서만 운동한다. 그리고 각 에너지 준위에는 일정 개수의 전자들만 존재한다.

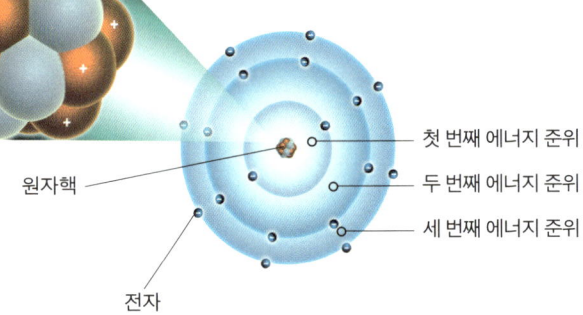

1. 원자의 구조
원자의 중심에는 (+)전기를 띤 원자핵이 존재하며, 그 주위를 (-)전기를 띤 전자가 운동하고 있다. 원자핵은 (+)전기를 띤 양성자와 전기를 띠지 않은 중성자로 이루어졌는데, 양성자와 전자의 개수는 같기 때문에 원자는 전기적으로 중성이다.

2. 원자의 내부 구조
원자 내의 전자는 각각 일정한 에너지 준위 내에서 움직이고 있다. 따라서 전자의 실제 위치를 파악하는 것은 매우 힘들기 때문에 개개의 전자를 나타내는 대신 '전자 구름'으로 표현한다.

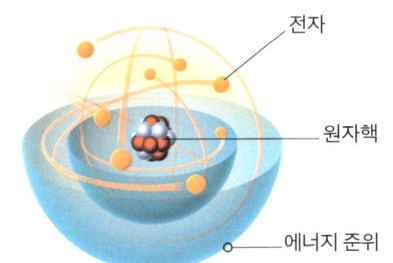

3. 원자의 결합 방식

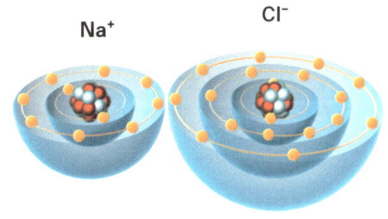

① 염화 나트륨(NaCl)의 이온 결합
나트륨 원자는 1개의 최외각 전자를 내주고 염소 원자는 이것을 받음으로써, 두 원자 모두 최외각에 8개의 전자를 채운 안정한 상태가 되면서 결합한다.

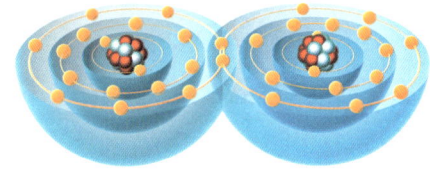

② 염소(Cl_2)의 공유 결합
2개의 염소 원자는 각각 자신이 가진 전자를 1개씩 내놓아 전자쌍을 만들고 이 전자쌍을 공유함으로써, 두 원자 모두 최외각에 8개의 전자를 채우는 안정한 상태가 되면서 결합한다.

③ 금속 결합
모든 금속 원자가 전자를 내놓고 일정 배열을 이루면 자유 전자들이 금속 이온들 사이를 자유롭게 이동하며 결합을 유지시킨다.

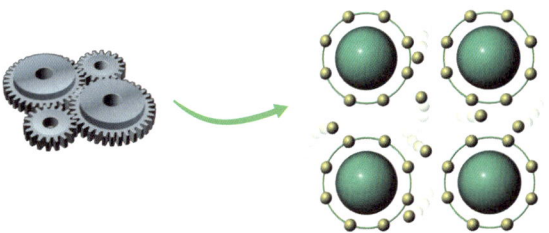

4. 원자들이 결합하는 이유

서로 다른 원자들은 왜 결합하려고 할까? 원자들은 따로 존재하는 것보다 여러 원자가 결합함으로써 더 안정된 상태가 되기 때문이다. 이 과정에는 원자의 중심에 있는 (+)전기를 띤 원자핵과 (-)전기를 띤 전자 사이의 전기적 인력이 큰 역할을 한다.

이온 결합은 전자를 주고받으면서 이루어지는 것이므로, 전자를 내주기 쉬운 원자와 전자를 받기 쉬운 원자 사이에서 주로 일어난다. 나트륨이나 칼슘 같은 금속 원자들은 원자가 전자를 1, 2개 가지고 있기 때문에 이들 전자들을 쉽게 다른 원자에게 주면서 (+)이온이 되려고 한다. 반면 염소나 산소 등의 비금속 원소들은 원자가 전자를 6, 7개 가지고 있어 다른 원자로부터 전자를 받으려 하거나 공유하여 최외각의 에너지 준위를 채우려고 한다. 그러므로 이온 결합은 전자를 주기 쉬운 금속 원자와 전자를 받기 쉬운 비금속 원자들 사이에서 일어나기 쉬운 반면, 공유 결합은 전자를 받기 쉬운 비금속 원자들 사이에서 주로 일어난다.

우리 주변의 물질들은 2개 이상의 더 많은 원자들이 결합하여 한 종류의 물질을 만드는 경우도 많고, 다양한 방법으로 결합한다. 110여 가지밖에 되지 않는 원자들 사이에서 이루어지는 이런 다양한 결합 방식으로 셀 수 없이 많은 물질을 만들고 있으며, 앞으로도 수많은 새로운 물질이 만들어질 것이다.

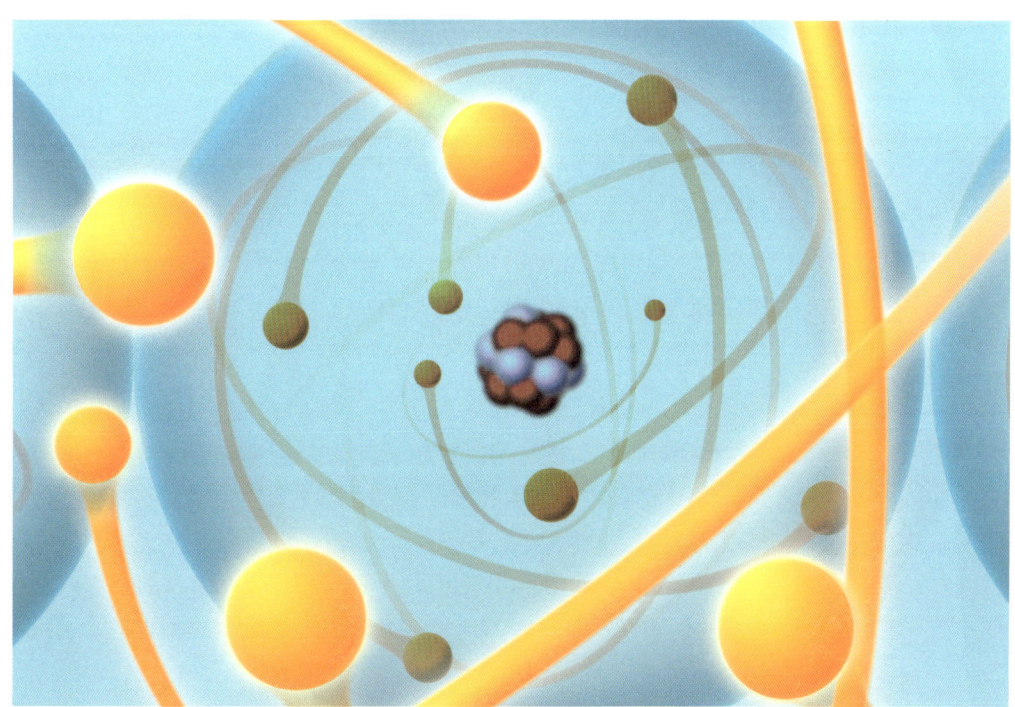

교과서 밖 과학

원심력의 정체

자전거를 타고 굽은 길을 돌면 직선 운동을 하려는 성질 때문에 몸이 바깥쪽으로 쏠리는데, 이를 방지하기 위해 몸을 안쪽으로 기울인다.

자동차를 타고 가다가 휘어진 길을 따라 돌면 몸이 바깥쪽으로 쏠린다. 또한 자전거를 타고 가다가 급회전을 할 때도 바깥쪽으로 쏠리는 것을 느낄 수 있는데, 이때 느끼는 힘을 원심력이라 한다. 원심력은 우리가 몸으로 직접 느끼는 힘이다.

하지만 원심력은 수수께끼 같은 힘이다. 원심력은 중력이나 전기력 같은 기본적인 힘이 아니다. 과학적으로 원심력은 회전목마나 굽은 길을 도는 자동차와 같이 회전하는 물체 속에 있을 때만 나타난다. 지면에 서 있는 경우처럼 정지된 상태에서는 나타나지 않는다.

자동차가 굽은 길을 돌 때 사람이 바깥쪽으로 쏠리는 현상을 설명해 보자. 자동차는 핸들의 힘을 받아 회전하지만 사람은 아무런 힘도 받지 않기 때문에 그대로 똑바로 가려고 한다. 즉, 자동차는 원운동을 하기 위해 안쪽으로 방향을 바꾸고, 사람은 관성에 의해 일정한 방향으로 직선 운동을 하기 때문에 자동차의 회전 방향과 반대쪽인 바깥쪽으로 쏠리는 것이다. 이와 같이 관성 때문에 원운동을 하는 물체가 바깥쪽으로 받는 힘을 '원심력'이라 한다.

뉴턴의 운동 법칙에 의하면 모든 힘은 서로 쌍으로 작용한다. 즉, 한 물체가 다른 물체에 힘을 작용하면 힘을 받은 물체도 힘을 준 물체에 힘을 작용하는데, 이 관계를 작용 반작용의 법칙이라 한다. 하지만 원심력은 어떤 힘 때문에 생긴 힘도 아니고 그에 대응하는 반작용을 만들어 내지도 않는다.

인공위성 속에 있는 사람이 왜 무중력 상태에 있는지도 원심력으로 설명할 수 있다. 인공위성은 일정한 속력으로 지구 주위를 돌고 있다.

이때 지구와 인공위성 사이에 작용하는 중력은 구심력 역할을 한다. 중력은 실제로 존재하는 힘이지만 가속 운동 때문에 나타나는 원심력은 실제 힘이 아니다. 원심력은 상호작용하는 물체가 없으므로 가상의 힘이 되는 것이다. 따라서 인공위성 속에 있는 사람은 지구 중력과 크기가 같고 방향이 반대인 원심력을 받기 때문에 중력의 효과를 느낄 수 없다.

사실 지구도 자전을 하면서 회전하고 있으므로 지구에 있는 우리도 원심력을 경험한다. 북반구에서 태풍이 시계 반대 방향으로 소용돌이치거나 고기압에서 불어 나가는 바람이 시계 방향으로 휘어지고, 저기압으로 불어 들어가는 바람이 시계 반대 방향으로 휘어지는 현상은 원심력의 작용으로 일어난다. 지구에서 느끼는 이 효과를 '코리올리 힘'이라고 한다.

정지해 있거나 직선상에서 일정한 속력으로 운동을 하는 관성 좌표계에서는 뉴턴의 운동 법칙만으로 물체의 운동을 잘 설명할 수 있다. 그러나 속력이나 방향이 변하는 가속 좌표계에서 일어나는 현상은 뉴턴의 운동 법칙만으로는 설명할 수 없다. 가속 좌표계에서만 등장해서 가속 운동하는 물체의 운동을 설명해 주는 힘이 원심력이다.

구심력이 작용하지 않으면 자동차는 곡면의 접선 방향으로 미끄러진다.

자동차가 굽은 길을 돌 때 자동차 바퀴와 지면 사이의 마찰력이 구심력 역할을 한다. 자동차가 회전하는 데 필요한 힘보다 마찰력이 적게 작용하면 자동차는 직진하거나 미끄러진다.

3 | 소리

01 소리는 어떻게 생겨날까? | 02 소리는 어떻게 퍼져 나갈까?
03 소리를 듣는 기관, 귀 | 04 생물이 내는 소리

01 소리는 어떻게 생겨날까?

친구가 부르는 소리, 자동차가 달리는 소리, 새소리와 같이 우리 주변에는 소리가 수없이 많습니다.
소리는 어떻게 발생해서 어떻게 전달되는 것일까요?

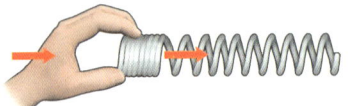

소리의 전달
스피커의 진동판이 움직임에 따라 관 안에 들어 있는 공기 입자들이 스피커와 같은 주기로 진동한다. 이에 따라 공기의 밀도가 큰 부분과 작은 부분이 생기면서 소리가 전달된다.

 과학 톡톡

소리의 발생

기타 줄의 진동

북의 진동

성대의 진동
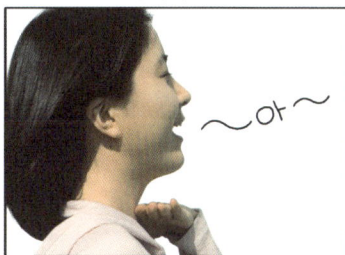

소리의 전달

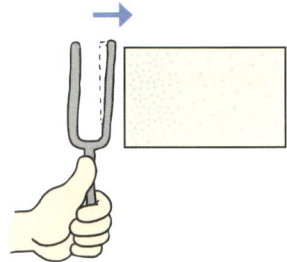
공기 분자가 압축된다.

공기 분자가 퍼진다.

주변의 공기 분자가 압축된다.

달에는 공기가 없으므로 소리가 전달되지 않아. 그래서 우주비행사가 대화를 하기 위해서는 무전기를 사용해야 해.

어이~ 이봐! 말을 해! 말을!

소리의 속력

인디언들은 먼 곳에서 나는 말발굽 소리를 듣기 위해 귀를 땅에 댔다고 해. 공기에서보다 고체(땅)에서 소리가 더 잘 전달되기 때문이지.

돌고래들은 의사소통을 위해 물속에서 소리를 내지. 돌고래가 내는 소리는 수백 킬로미터 떨어진 곳까지 전달된다고 해.

마하 수 = $\dfrac{\text{물체의 속력}}{\text{소리의 속력}}$

음속
마하 = 1.0

초음속
마하 > 1.0

극초음속
마하 > 5.0

02 소리는 어떻게 퍼져 나갈까?

큰 소리와 작은 소리, 높은 소리와 낮은 소리의 차이는 무엇 때문에 생기는 것일까요?
소리가 전달될 때 벽에서 반사되고, 좁은 틈으로 들어가면서 퍼지고, 낮에는 아래쪽으로 휘어지고 밤에는 위쪽으로 휘어지는 현상은 어떻게 일어나는 것일까요?

❶ **큰 소리와 작은 소리**

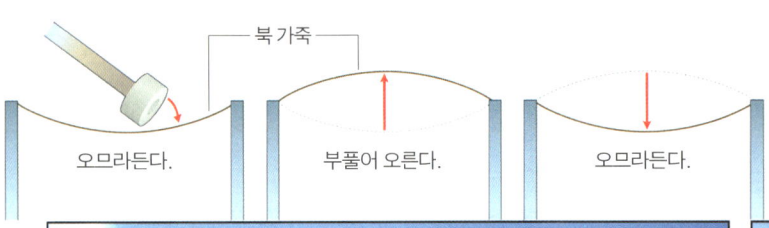

북 가죽의 진동
북을 치면 북 가죽의 진동에 의해 주변의 공기가 진동하고, 이에 따라 소리가 발생한다.

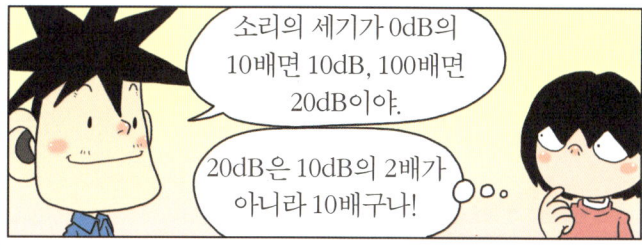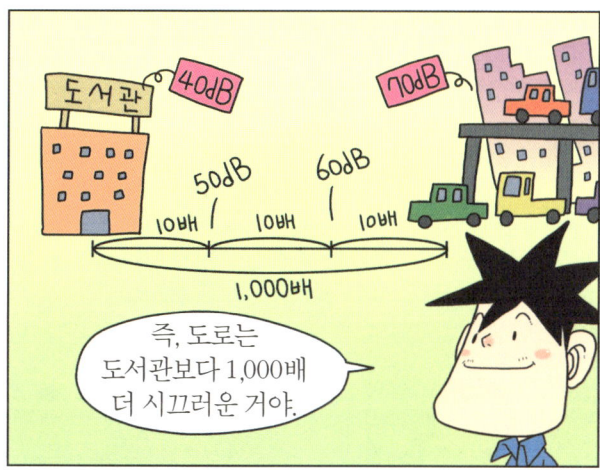

❷ 높은 소리와 낮은 소리

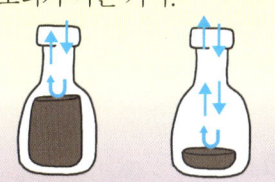

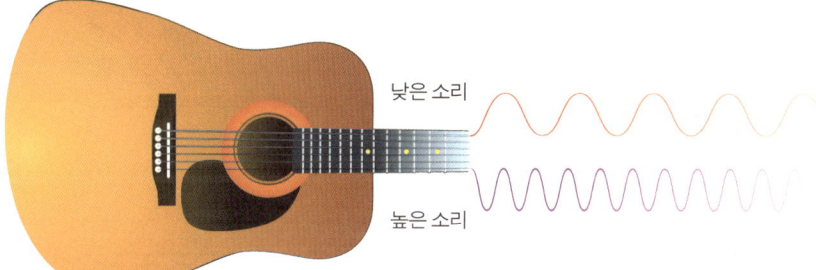

진동수와 소리의 높이

기타 줄이 굵을수록 낮은 소리가 나고 가늘수록 높은 소리가 난다. 소리의 높이는 진동수에 비례한다.

❸ 세상의 모든 소리를 들을 수 있을까?

❹ 반사되는 소리

❺ 구부러지는 소리

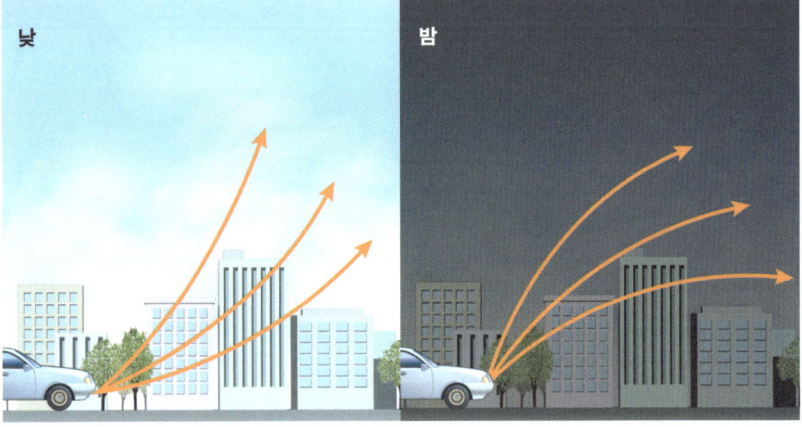

소리의 굴절 낮에는 지표면에 가까운 공기가 위쪽보다 더 따뜻하므로 지표면 근처에서 소리의 속력이 증가한다. 그 결과 음파는 지표면에서 먼 쪽으로 휘어 소리가 잘 들리지 않는다. 밤에는 지표면의 공기가 주위보다 차가우므로 낮과 반대가 된다. 즉 지표면에서 가까운 곳에서 소리의 속력이 느려지고 위쪽의 속력이 빨라져서 소리가 지표면 쪽으로 굴절한다.

 과학 톡톡

소리의 세기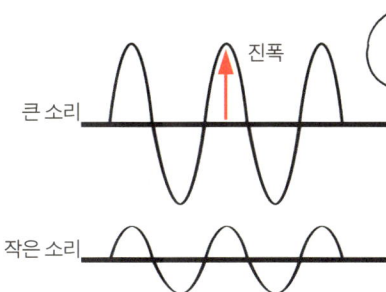

큰 소리는 음파의 진폭이 크고, 작은 소리는 음파의 진폭이 작아.

소리의 높이

높은 소리는 음파의 진동수가 크고, 낮은 소리는 음파의 진동수가 작아.

동물이 듣는 소리의 범위

소리의 반사	소리의 굴절	소리의 회절

산 정상에서 소리를 지르면 메아리가 되어 되돌아온다.	낮에는 잘 들리지 않던 소리가 밤에는 잘 들린다.	담 너머의 사람은 보이지 않지만 소리는 들을 수 있다.

교과서 밖 과학

소리의 세기와 소음

소리는 사람의 귀에서 감각적으로 느낄 때 그 의미를 가진다. 소리의 세기는 귀가 밝은 사람이 겨우 느낄 수 있는 정도를 기준으로 삼는데, 이 소리의 기준을 0dB이라고 한다. 소리의 세기가 0dB의 10배이면 10dB, 100배이면 20dB이다.

소음은 단순히 시끄러운 소리만이 아니라 불쾌감을 주고 일의 능률을 떨어뜨리는 듣기 싫은 소리까지 포함하는 감각적인 환경 오염이라 할 수 있다. 따라서 우리의 건강에 커다란 영향을 미친다. 소음은 일시적 혹은 영구적으로 청력을 읽게 하거나, 수면을 방해하고 혈압을 높이며, 소화에 지장을 준다. 태아의 경우 발육이 저하될 수 있다.

소음을 줄이기 위해서는 소리가 나는 장치에서 불필요한 진동을 없애야 한다. 또한 소리의 반사나 흡수를 이용해서 소음을 줄일 수 있다. 소음이 심한 도로 주변에 세워 놓은 방음벽의 경우 소리를 흡수하는 흡음재를 넣기도 하는데, 흡음재는 탄성이 없어서 소리 에너지를 흡수만 하고 진동을 일으키지 않는 특성을 가지고 있다.

비행기의 엔진 소리 **120dB**

도서관 **40dB**

수업 중인 교실 **50dB**

시끄러운 록 음악 **110dB**

03 소리를 듣는 기관, 귀

녹음기로 듣는 내 목소리는 왜 어색하게 느껴질까요?
높은 산에 올라가면 왜 귀가 멍해질까요?
사람의 귀는 왜 두 개일까요?
귀와 관련된 여러 가지 궁금증을 알아볼까요?

❶ 내가 듣는 내 목소리는 가짜?

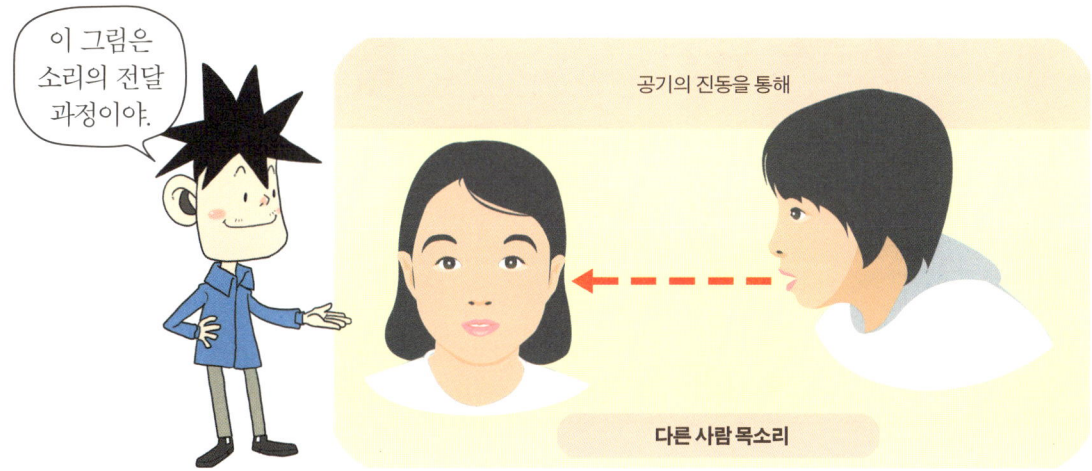

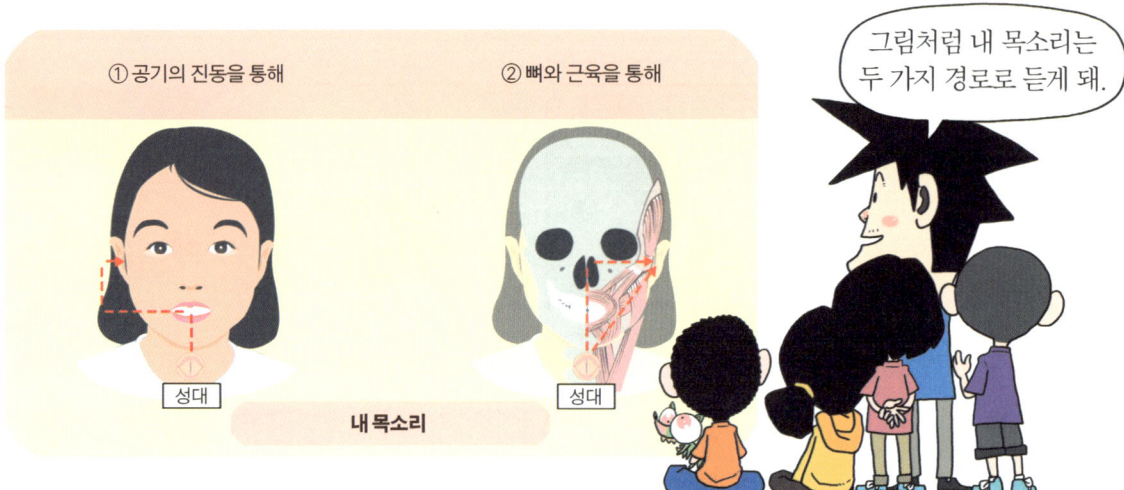

❷ 높은 곳에서는 왜 귀가 멍해질까?

기압 대기의 압력. 1기압은 수은 기둥을 높이 760mm까지 밀어 올리는 데 작용하는 압력이다.

귀의 구조 귀는 귓바퀴, 소리에 따라 진동하는 고막, 소리를 증폭시켜 주는 청소골, 소리를 감지하는 달팽이관으로 구분된다. 귀에는 소리를 감지하는 달팽이관 외에 우리 몸이 회전하거나 기울어지는 것을 감지하는 반고리관과 전정 기관도 있다.

03 소리를 듣는 기관, 귀

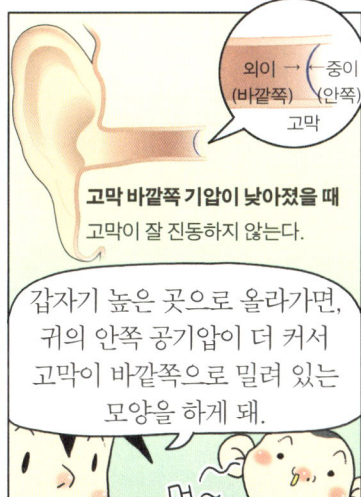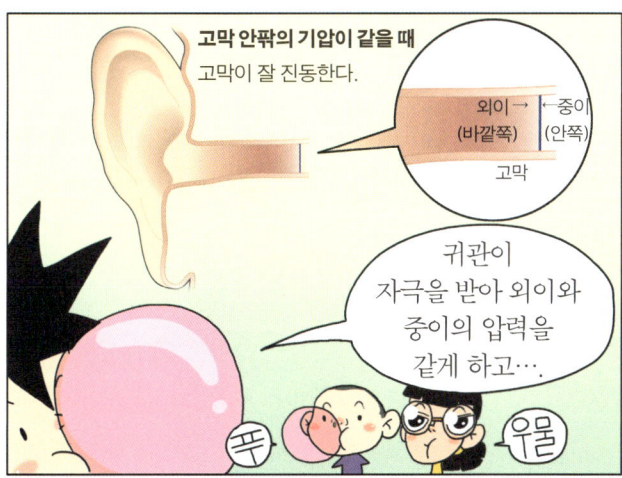

❸ 소리를 대뇌로 전해 주는 달팽이관

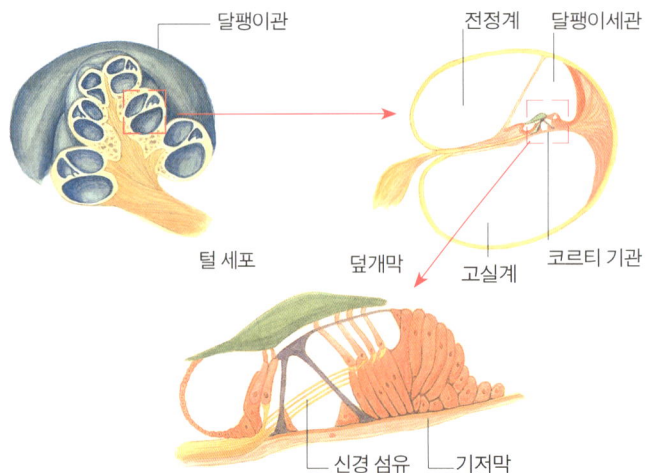

코르티 기관

달팽이세관에 있는 코르티 기관은 소리의 신호를 뇌가 감지할 수 있도록 바꿔 주는 역할을 담당한다. 전정계를 거쳐 고실계까지 전달된 파동이 기저막을 진동시키면 기저막 위의 청세포가 덮개막을 자극해 신호가 발생되어 대뇌로 전달된다.

❹ 귀는 왜 두 개일까?

03 소리를 듣는 기관, 귀

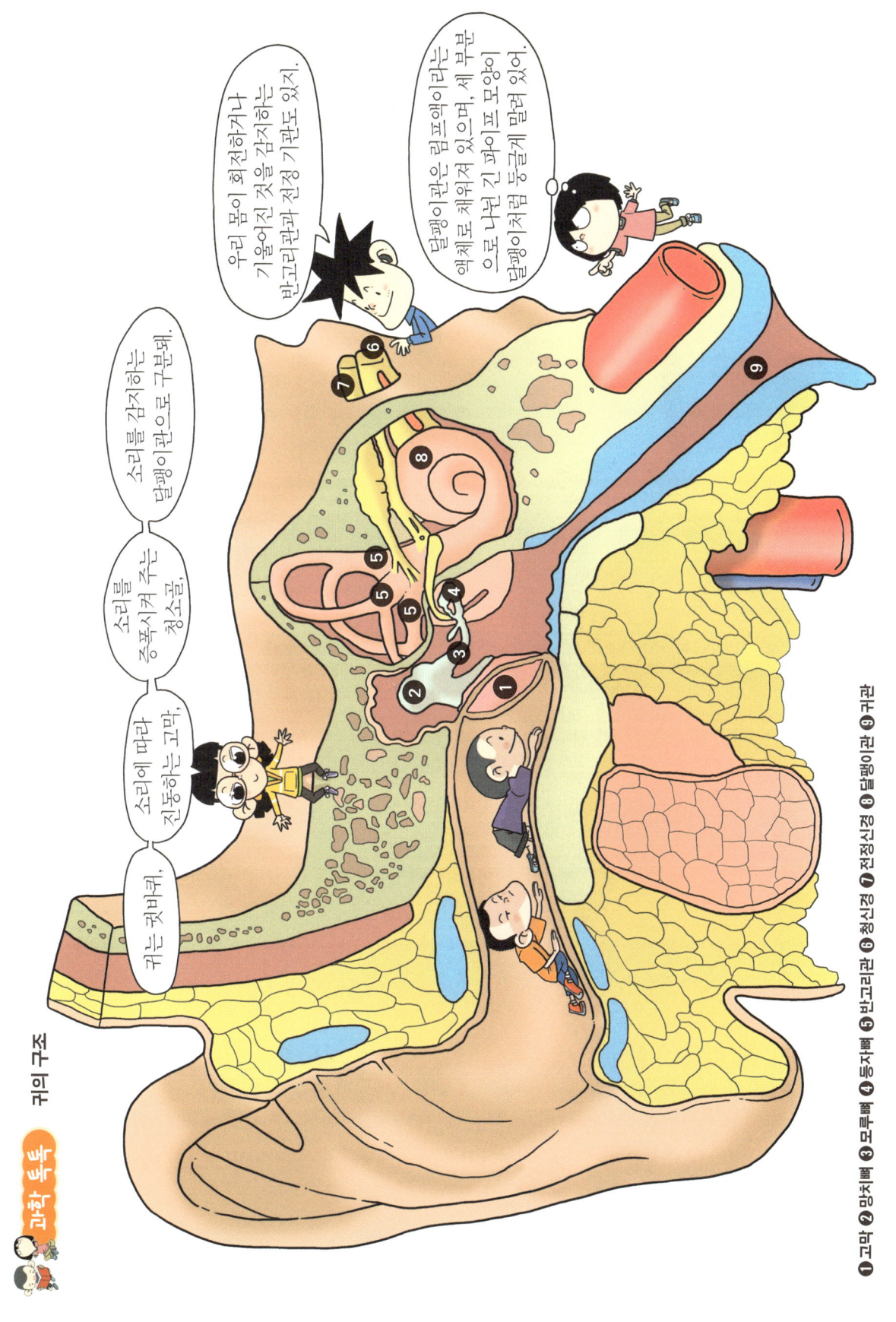

머리로도 소리를 듣는다?

에드거 앨런 포와 《모르그가의 살인 사건》

모든 소리는 물체의 진동에 의해 만들어진다. 기타 소리는 줄의 진동으로, 사람의 목소리는 성대의 떨림으로 만들어진다. 공기의 진동으로 귀의 고막이 진동하면 이 진동이 청각 기관들을 거쳐 뇌로 전달된다. 이런 과정을 거쳐 우리는 소리를 듣는데, 가끔 실제로 존재하지 않는 소리를 듣기도 한다. 고막이 진동하지도 않았는데 어떻게 소리를 들을 수 있을까?

에드거 앨런 포(1809~1849)가 쓴 추리 소설 《모르그가의 살인 사건》을 잠깐 살펴보자.

어느 날 모르그가에서 끔찍한 살인 사건이 일어났다. 경찰에게 두 사람이 싸웠다는 증언이 이어졌는데, 그 가운데 한 사람은 프랑스인이라는 점에는 모든 사람의 증언이 일치했다. 그러나 다른 한 사람에 대해서는 의견이 분분했다. 에스파냐인이라고 증언한 사람도 있었고, 소리의 억양으로 보아 분명 이탈리아인이라고 확신하는 사람도 있었다. 영국인, 네덜란드인, 러시아인이라고 하는 증언도 이어져서 경찰은 혼란에 빠졌다. 이때 해결사 뒤팡이 찾아낸 사건의 결말은? 범인은 사람이 아니라 오랑우탄이었다. 그토록 많은 사람이 증언을 했는데도 그들은 모두 사람의 목소리라고 했다. 어떻게 오랑우탄의 소리를 사람의 목소리로 착각할 수 있었을까?

우리는 소리를 들을 때 소리의 세세한 부분까지 모두 정확하게 듣지는 않는다. 오히려 주변의 상황이나 대화의 흐름에 따라 머릿속에서 '이렇게 들릴 것이다.'라고 미리 예측하고 듣는 경우가 많다. 또 환청이나 이명도 특별한 사람의 경험만은 아니다. 바람에 흔들리는 나뭇잎 소리도 사람이 낸 소리로 믿어 버리면 작게 속삭이는 대화로 들린다.

이러한 현상들은 대뇌의 소리 청취 시스템에서 비롯한다. 아침에 사람을 만나 서로 인사할 때 '안'이라는 말이 들리면 그 시점에서 청취 시스템은 '녕'을 예측한다. 따라서 말하는

사람이 '안'만 말하고 '녕'은 말하지 않아도 '안녕'으로 듣는다. 이와 같이 소리를 고쳐서 원래 있는 것처럼 들리게 하는 청취 심리 현상은 귀로 들어오지 않은 소리를 만들어 낸다. 그러나 청취 시스템의 올바른 작동에 의한 환청이 아니라 존재하지 않는 소리가 끊임없이 들리는 경우에는 신경정신과의 진단을 받아 보아야 한다.

한편, 뇌에서 어떤 소리가 중요하지 않다고 판단하면 들리지 않기도 한다. 방 안에 있는 시계는 계속 돌아가지만 우리는 째깍째깍 소리를 거의 듣지 못한다. 의식적으로 들으려고 노력하지 않으면 시계 소리는 들리지 않는다. 이처럼 뇌는 습관화의 과정을 통해 중요하지 않다고 판단되는 소리는 들리지 않도록 조절한다. 이쯤 되면 소리는 귀가 아니라 머리로 듣는다고 해야 옳지 않을까?

04 생물이 내는 소리

사람은 의사소통을 하기 위해 다양한 소리를 냅니다. 사람의 소리는 성대의 진동으로 발생하지요. 사람뿐 아니라 고래, 박쥐, 귀뚜라미, 매미와 같은 동물들도 소리를 냅니다. 이들이 소리를 내는 목적은 무엇이고, 어떤 방식으로 소리를 내는 것일까요?

어, 영배네?

앗, 영배가 영어를?

See you~

Good bye~

❶ 약속된 소리, 말

❷ 사람이 내는 말소리

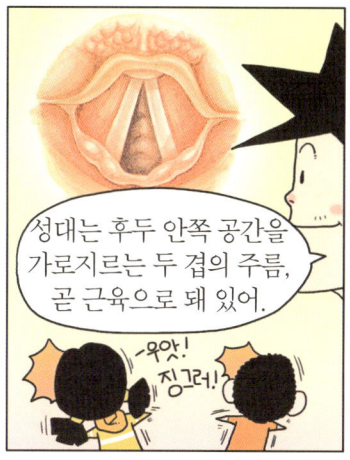
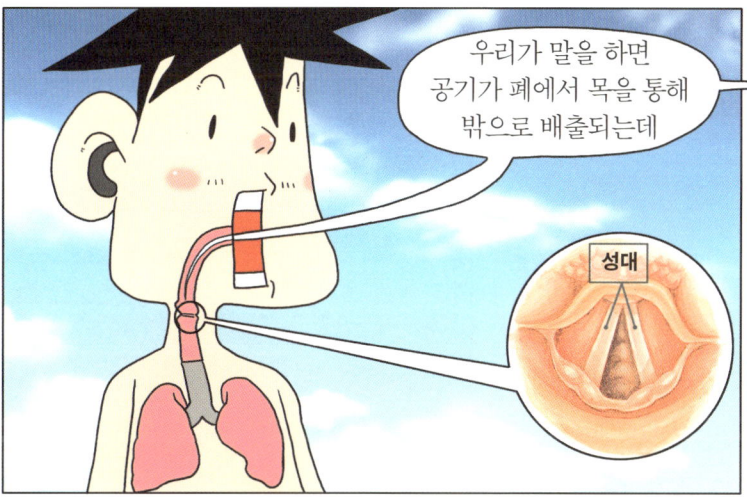

사춘기가 되면 후두가 커지기 시작하지. 그때 성대도 두껍고 길어져서 목소리가 낮고 굵어져. 이런 변화는 여자보다는 남자가 더 두드러지는데, 남자의 음성은 점점 굵어지다가 나중에는 고음을 낼 수 없게 돼. 그 과정에서 남자의 음성은 높아졌다가 다시 낮아지기도 하는데, 이 시기를 변성기라고 하지.

오스트리아의 빈 소년 합창단
변성기 이전의 소년들로 구성되어 음성이 맑고 청아하다.

❸ **동물이 내는 소리**

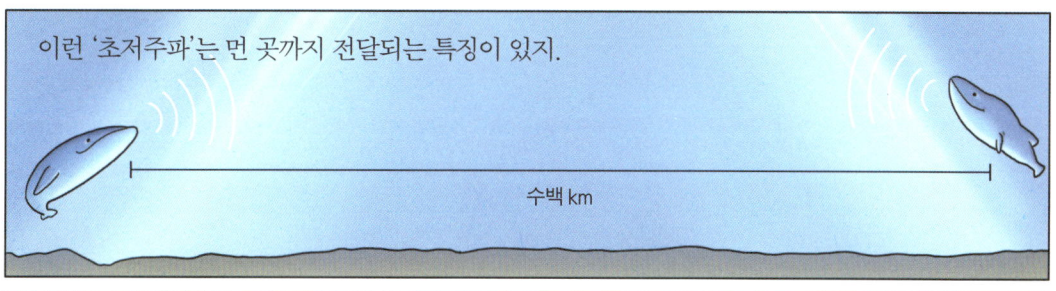

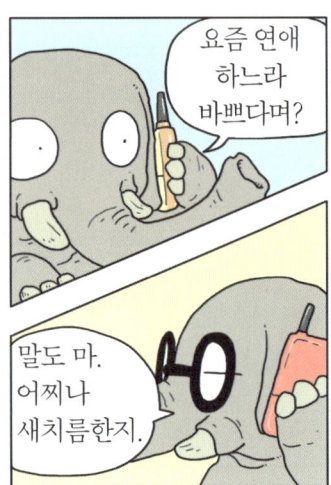

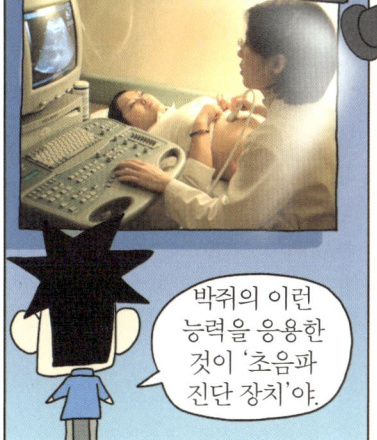

 **사람의 발성 기관**

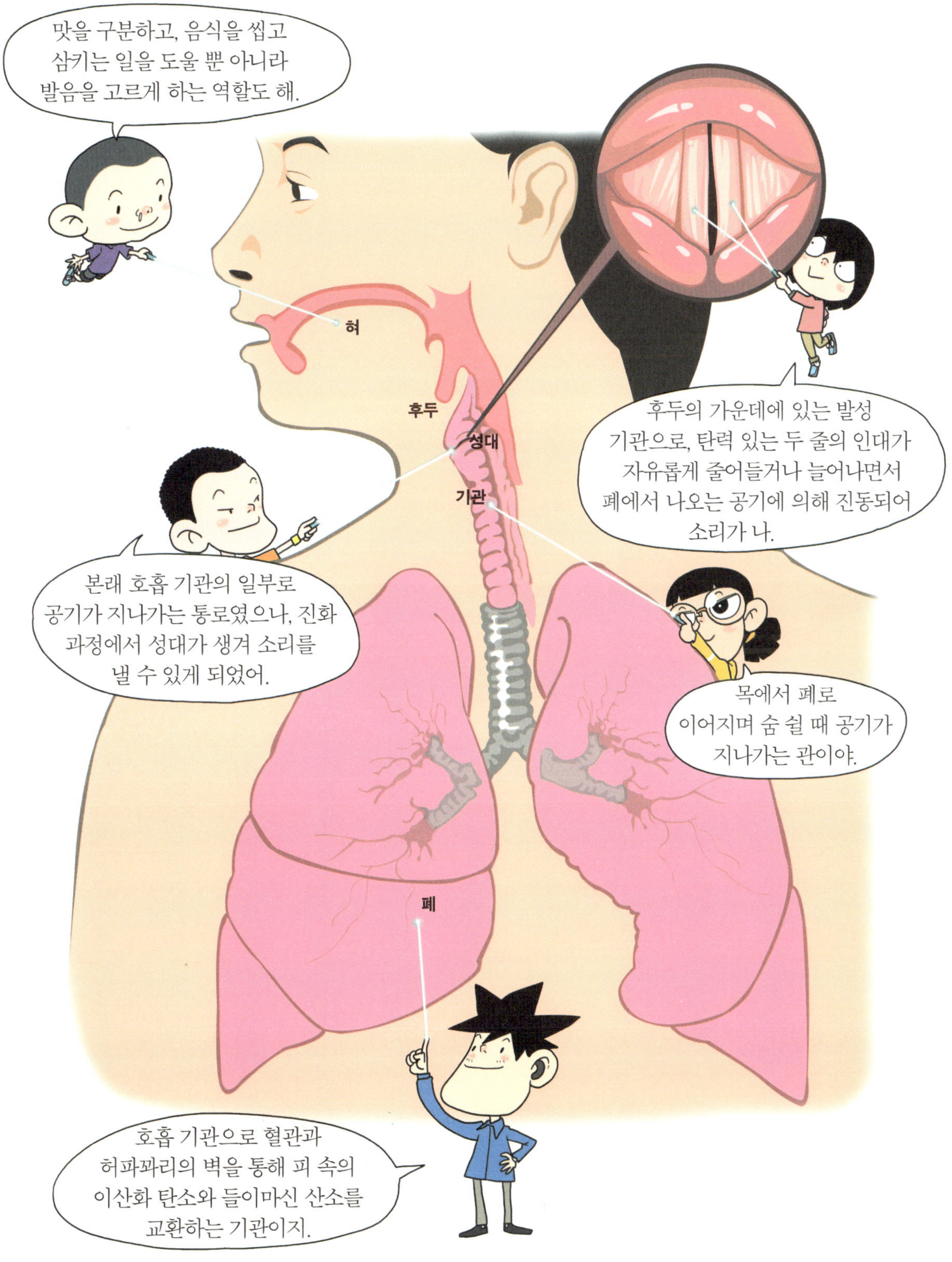

교과서 밖 과학

소리를 저장하라

포노그래프
에디슨이 발명한 최초의 축음기로 원통형이었다.
포노그래프로 재생된 최초의 소리는 에디슨 자신의
목소리로 녹음된 '메리의 양'이라는 동요의 한 구절이다.

어떤 소리도 영원히 지속되지는 않는다. 진동은 점점 에너지를 잃게 되고, 소리도 사라지고 만다. 노래방에서 음정과 박자를 맞추지 못해 노래가 엉망이 되었다 하더라도 그것으로 끝이다. 하지만 소리를 녹음할 수 있는 기술 덕분에 엉망이 되어 버린 내 노랫소리를 두고두고 들을 수 있게 되었다. 도대체 누가 이런 기계를 만들었을까?

에디슨에 의해 인류는 처음으로 소리를 기록했다. 1877년, 에디슨은 얇은 주석을 입힌 원통에 소리를 기록하여 재생하는 '포노그래프(Phonograph)'를 발명했다. 그 후 오늘날의 CD나 MP3에 이르기까지 소리를 보존하고 재생하는 기술은 끊임없이 발전해 왔다.

포노그래프의 핵심은 공기의 진동을 다른 물체에 보존했다는 데 있다. 에디슨은 공기가 진동할 때 함께 진동하는 바늘이 원통의 표면에 붙어 있는 얇은 주석을 긁으면 이 긁힌 자국에 소리가 저장될 것이라고 생각했다.

위의 사진을 보면 소리를 모으는 나팔관 아래에 진동판이 붙어 있다. 나팔관으로 들어간 소리가 진동판을 진동시키면 바늘도 함께 진동한다. 이때 주석을 입힌 원통을 일정한 속력으로 회전시키면 바늘 끝으로 전달된 공기의 진동이 순서대로 기록된다.

그런데 이렇게 기록된 소리를 어떻게 재생할 수 있을까? 원통을 같은 속력으로 회전시키면 긁힌 자국을 따라 바늘이 움직이면서 바늘 끝은 기록된 홈을 따라 진동한다. 단지 작은 바늘이 진동하는 것만으로는 소리가 너무 작아 들을 수 없다. 이때 진동판과 나팔관을 통해 소리가 확대된다.

당시 사람들은 자신의 귀를 의심하고 에디슨의 유성기 속에 악마가 들어 있다고까지 생각했다. 유성기는 매우 간단한 구조를 가졌지만, 사람들의 상상력을 뛰어넘을 정도로 충격적이었다. 에디슨은 유성기가 많은 사람의 호응을 얻자 '에디슨 유성기 회사'를 세웠다. 그러나 재생되는 소리가 너무나 원시적이고, 에디슨도 백열전구 연구에 골몰하면서 유성기는 더 이상 발전되지 못했다.

유성기는 흥미를 가졌던 다른 사람들에 의해 새로운 형태를 갖추어 나갔다. 그중 독일의 발명가 에밀 베를리너(1851~1929)는 주석으로 되어 있던 원통형 레코드를 오늘날과 같은 음반 형태로 만들었다. 원반은 원통형과 달리 평면이기 때문에 한 장만 있으면 여러 장을 복제할 수 있다. 평면 디스크가 등장해 복사판을 만들 수 있게 되면서 소리를 저장하고 재생하는 기술은 더욱 발전했다.

에디슨의 축음기 발명은 인류에게 큰 즐거움을 선사한 획기적 사건이었다. 축음기 덕분에 우리는 좋아하는 가수의 노래를 두고두고 들을 수 있게 되었다. 또한 가족이나 친구의 정겨운 목소리를 담아 둘 수도 있고, 외국어 공부도 할 수 있다. 포노그래프 발명 이후 음악은 인류의 영원한 동반자가 되었으며, 새로운 모습으로 더욱 가까워지고 있다.

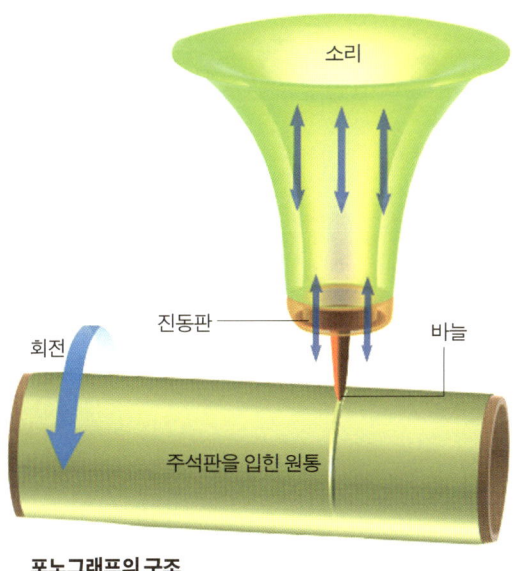

포노그래프의 구조
❶ 소리의 압력에 의해 진동판이 떨린다. 원통은 일정한 속력으로 회전한다.
❷ 소리의 진동에 따라 바늘이 주석판에 흠을 낸다.
❸ 재생할 때는 긁힌 자국에 따라 진동판이 떨리면서 소리가 난다.

에디슨 (1847~1931)

4 열

01 물질의 상태를 바꾸는 열 | 02 온도와 열의 이동
03 동물의 체온 유지 | 04 대기 중의 열 순환

01 물질의 상태를 바꾸는 열

얼음을 가열하면 녹아서 물이 되고, 물을 가열하면 끓어서 수증기가 됩니다. 이와 같이 열을 가하면 물질의 상태가 변하지요. 고체·액체·기체 상태의 입자들은 어떻게 배열되고, 어떻게 움직이고 있을까요?

❶ 열이 방출될까, 흡수될까?

01 물질의 상태를 바꾸는 열

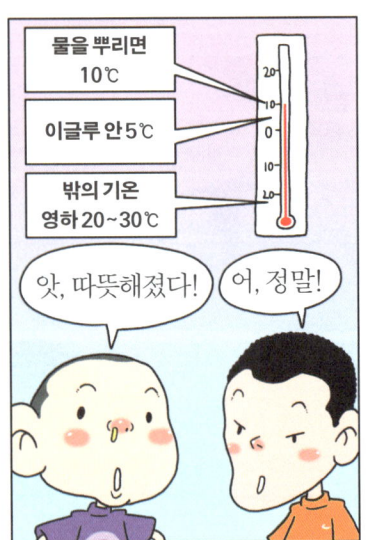

❷ 상태 변화와 입자의 배열

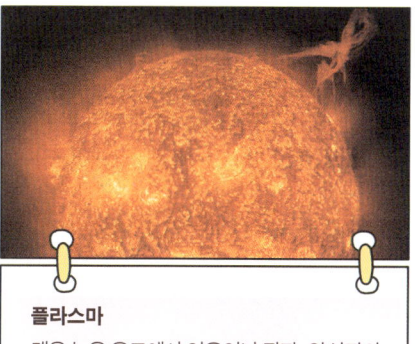

플라스마
매우 높은 온도에서 이온이나 전자, 양성자와 같이 전하를 띤 입자들이 기체처럼 섞여 있는 상태. 고체, 액체, 기체와는 전혀 다른 성질을 갖고 있어 '물질의 제4 상태'라고 부른다.

❸ 열에너지의 출입과 상태 변화

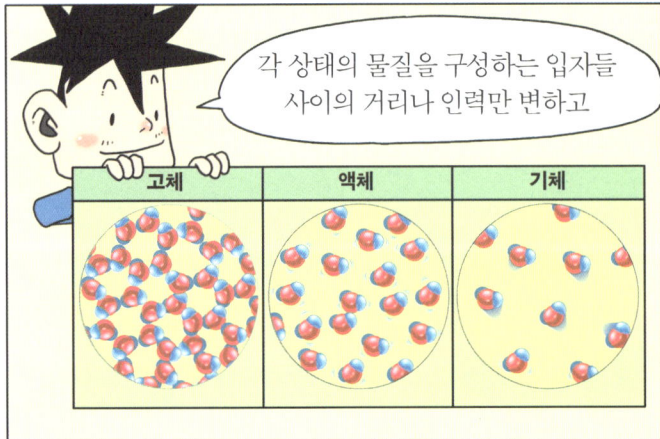

 **과학 톡톡**

뜨거운 물이 미지근한 물보다 빨리 언다?

추운 겨울날, 세차를 하려고 자동차에 뜨거운 물을 부었더니 바로 얼어 버렸다. 그런데 미지근한 물을 부었을 때는 바로 얼어붙지 않았다. 왜 뜨거운 물이 미지근한 물보다 더 빨리 어는 걸까? 자동차에 뜨거운 물을 부으면 미지근한 물을 부었을 때보다 뿌연 김이 더 많이 생기는데, 이는 뜨거운 물에서 증발 현상이 더 활발하게 일어나기 때문이다. 액체 상태의 물 분자가 기체 상태의 분자로 변하기 위해서는 주위 분자들 사이에 작용하는 인력을 끊고 자유로운 운동을 할 수 있도록 열을 흡수해야 한다.

그런데 뜨거운 물은 증발 속도가 빠르고 자동차에 부은 물은 그릇에 담겨 있을 때보다 표면적이 더 넓기 때문에 증발하는 물 분자들의 수는 훨씬 많아진다. 이렇게 증발이 활발하게 일어나면 남은 물이 가진 열의 양은 빠르게 줄어들고, 그만큼 온도는 더 빨리 낮아진다. 비밀의 실마리는 뜨거운 물에서 활발하게 일어나는 물의 상태 변화에 있었던 것이다.

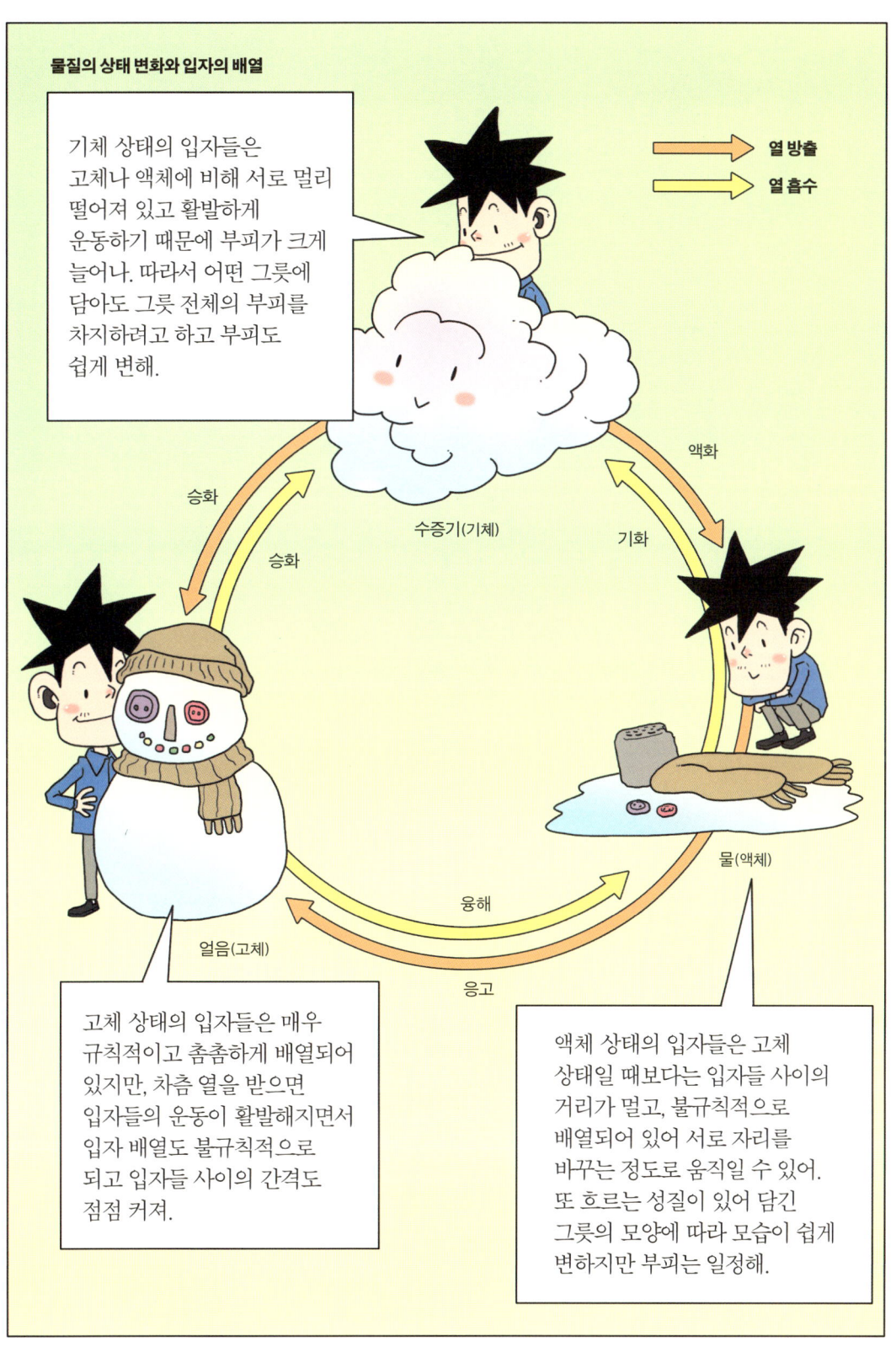

교과서 밖 과학

남극과 북극, 어떻게 다를까?

2003년 12월 6일, 너무나도 차디찬 남극의 바다에서 스물일곱 살 청년 전재규 세종기지 대원이 숨을 거두었다. 한 젊은이의 안타까운 죽음은 우리나라 남극 탐험의 근거지인 세종기지에 대한 국민의 관심을 불러일으켰다.

1년 내내 매서운 혹한의 바람으로 뒤덮인 곳, 사방을 둘러보아도 끝없이 펼쳐진 얼음뿐인 그곳에서 우리의 젊은 과학자들은 극지 환경 연구 및 지구 환경 변화 연구를 위해 노력하고 있다.

지구상에서의 다양한 열 순환에도 불구하고 따뜻한 태양 복사 에너지를 넉넉하게 받지 못한 소외된 땅이 바로 남극과 북극이다. 이 두 지역은 겉으로는 비슷해 보이지만 서로 전혀 다른 특징을 갖고 있다.

세종과학기지
1988년 서남극의 킹조지 섬에 세운 연구 기관으로 극지 연구에 중요한 역할을 담당하고 있다. 이곳에 상주하는 연구원들은 대기·생물·우주·지구·물리·지질·해양 과학 분야에 관한 연구를 진행한다.

남극은 대륙이지만 북극은 대륙이 아니다. 오랜 세월에 걸쳐 쌓인 눈은 자체의 압력으로 단단하게 굳어졌다. 이렇게 해서 생긴 두께 2km에 이르는 거대한 얼음덩어리가 98%가량을 덮고 있는 곳이 남극이다. 하지만 그 아래쪽은 면적이 1,360km² 로서 한반도의 60배에 달하는 거대한 땅덩어리이다. 지구상의 7대 대륙 중 다섯 번째 크기의 대륙인 남극은 오래된 운석이 발견되는 것으로 보아 오래전 지표의 모습을 확인할 수 있는 천연 자료들이 보관되어 있을 것으로 추정된다.

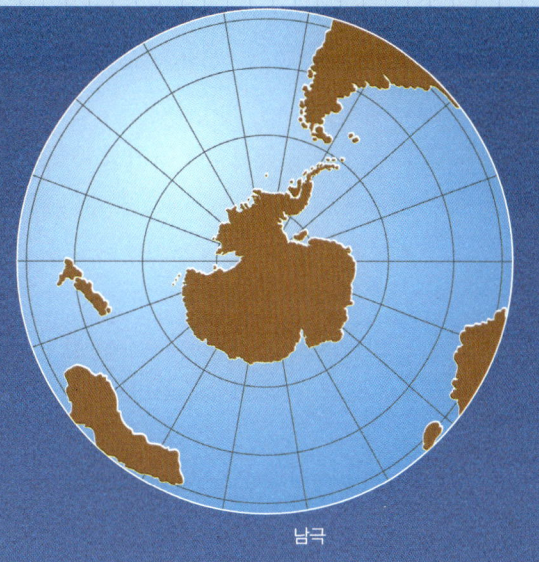

남극

반면에 북극은 아시아와 아메리카 대륙으로 둘러싸인 거대한 북극해를 말한다. 북극해는 면적이 1,400만km²로 지중해의 6배이며, 전 세계 바다의 3%를 차지한다. 북극은 이 북극해 주변의 바닷물이 얼어서 된 거대한 얼음덩어리가 떠 있는 것에 불과하다. 물론 해수면 위로 보이는 빙하는 전체 얼음덩어리의 10% 정도에 불과하다. '빙산의 일각'이라는 표현은 여기에서 나왔다. 이처럼 서로 다른 지역적 특징은 두 지역의 기후 조건에도 많은 영향을 미치고 있다.

남극 펭귄
조류에 속하지만, 날개가 퇴화해 날지 못한다. 발에 물갈퀴가 있어 물속에서 헤엄칠 수 있으며, 새우 등을 잡아먹고 산다. 남반구에서만 관찰되고 있으며 주로 남극에 떼지어 분포한다.

남극과 북극 가운데 어디가 더 추울까? 남극이 훨씬 춥다. 북극은 주변에 있는 바다와 저위도에서 흘러 들어오는 따뜻한 해류의 영향을 받는다. 얼음덩어리에 비해 상대적으로 온도가 높은 바다에서 상승하는 따뜻한 공기의 흐름으로 겨울에는 최저 영하 30~40°C까지 내려가지만, 여름에는 영상 10°C 정도로 비교적 따뜻한 편이다.

한편, 남극은 가열과 냉각이 쉽게 이루어지는 지각이 아래쪽에 있기 때문에 한겨울에 해당하는 8월 말 무렵이면 내륙의 고원 지대에서는 기온이 영하 70°C 가까이 내려간다. 역사상 최저 기온은 영하 89°C였다. 또한 북극에는 이누이트 족이 거주하고 있지만, 남극에는 연구를 목적으로 거주하는 사람들 외에는 원주민이 없다. 남극의 혹한을 견뎌 내기가 그만큼 어렵기 때문이다.

또한 펭귄을 남극에서만 볼 수 있듯 북극곰은 북극에서만 산다. 왜 펭귄은 남극에서만 살까? 펭귄은 여러 종이 있으며 대부분 남극을 비롯한 남반구에서 살고 있다. 주로 해안가에서 구멍을 파고 사는 펭귄들은 작은 돌 조각들을 이용하여 둥지를 만든다. 빙원에서 구할 수 있는 돌 조각은 태양열을 흡수하거나 체온을 따뜻하게 유지시킬 수 있는 유일한 물질이다.

펭귄이 주로 남극에 살고 있는 이유는 남극이 아메리카 대륙에서 분리되기 전에 서식하던 조류의 일부가 추위에 적응하기 위해 현재의 펭귄으로 진화한 뒤 정착했기 때문으로 보고 있다. 반면 북극곰이 북극에만 살게 된 것은 북극이 북반구의 대륙에서 가까운 곳이기 때문이다. 대륙에 살던 곰이 넘어가 살게 되었을 가능성이 매우 높다. 지금도 유빙을 타고 이동하는 북극곰이 있다고 하니 북극해 주변의 얼음덩어리는 북극곰의 이동 수단으로 볼 수 있다.

북극

보통 100m 깊이의 얼음이 만들어지려면 1,000년이라는 긴 세월이 필요하기 때문에 현재 남극의 얼음이 되기까지 약 10만 년이 걸렸을 것으로 보고 있다. 현재 남극 대륙의 얼음은 전 지구상의 얼음 중 90%가량을 차지하고 있으며, 두꺼운 얼음층은 지구 역사의 냉동 창고 역할을 하고 있다.

북극곰
북극의 아주 추운 환경에 적응하기 위해 꼬리와 귀는 짧아지고 몸의 지방층은 두꺼워졌으며 털은 길고 촘촘하다. 얼음에 미끄러지지 않기 위해 발바닥 사이에 털이 나 있으며 수영하기에 알맞게 앞발에는 물갈퀴와 같은 역할을 하는 막이 있다.

02 온도와 열의 이동

물은 100℃에서 끓고 철은 1,500℃에서 녹습니다.
또 태양의 표면 온도는 6,000℃이고 중심의 온도는
1,500만℃나 된다고 합니다.
물체의 온도는 몇 ℃까지 높이고, 몇 ℃까지 내릴 수 있을까요?

❶ 분자 운동의 정도를 나타내는 온도

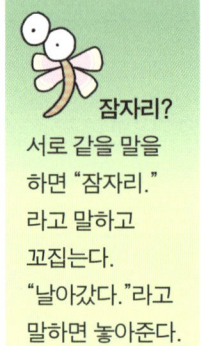

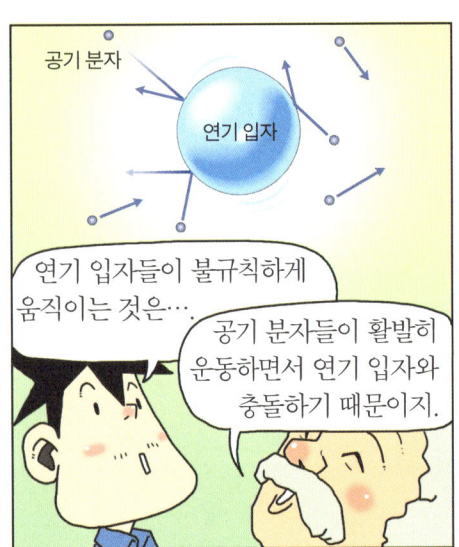

❷ 열의 이동은 분자 운동이 전달되는 현상

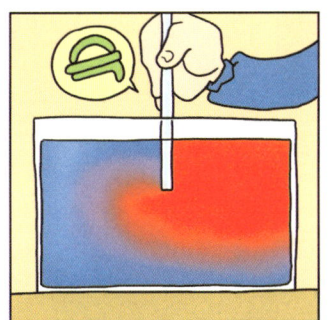 

물질의 상태에 따른 분자 운동

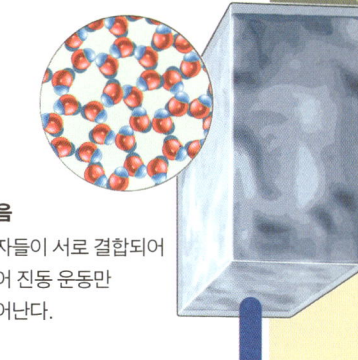

얼음
분자들이 서로 결합되어 있어 진동 운동만 일어난다.

물
분자 사이의 거리가 가깝고 주로 회전 운동을 한다.

수증기
분자 사이의 거리가 멀고 인력이 약해서 빠르고 자유롭게 운동한다.

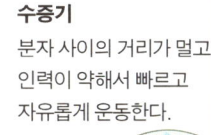
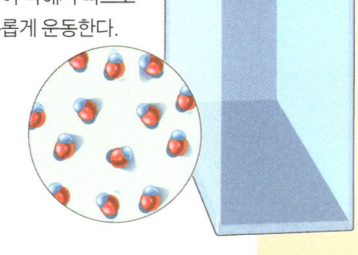

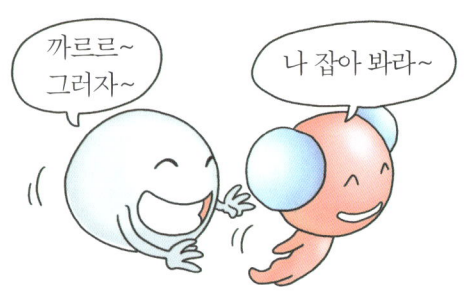

온도와 질량이 동일한 물과 철에 각각 같은 열량을 가하면 철의 온도 상승이 더 높아.
즉 물의 비열은 1cal/g·℃이고, 철의 비열은 0.1cal/g·℃이므로 철의 온도 변화가 물보다 10배 더 높지.
물은 물질 중에서 비열이 매우 높은 물질이야.

여러 물질의 비열 (물 1g기준)	
물질	비열(cal/g·℃)
물	1.00
바닷물	0.94
에탄올	0.55
얼음	0.487
알루미늄	0.211
유리	0.18
철	0.104
구리	0.092
은	0.056
수은	0.033

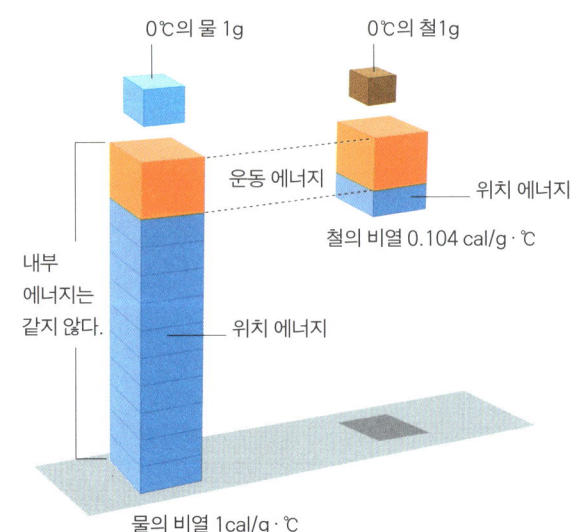

 **과학 톡톡**　　**분자의 충돌과 열의 전달**

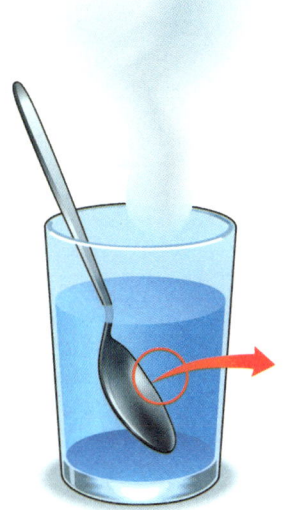

1단계
뜨거운 물 분자들은 빠르게 움직이고 차가운 숟가락 원자들은 아주 천천히 움직인다.

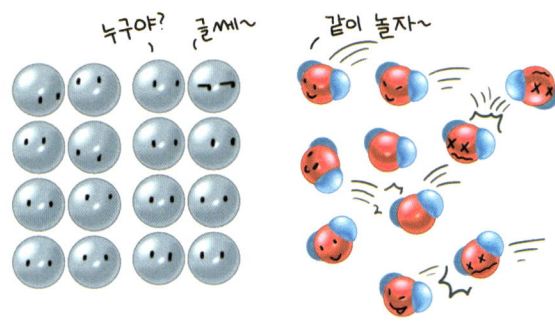

2단계
뜨거운 물 분자들이 차가운 숟가락 원자와 계속 부딪친다.

3단계
물 분자들은 느려지고, 숟가락 분자들은 점점 빨라진다.

4단계
따라서 물은 온도가 내려가고, 숟가락은 온도가 올라간다.

5단계
물 분자와 숟가락 원자의 빠르기가 같아지면서 두 물체의 온도는 같게 된다.

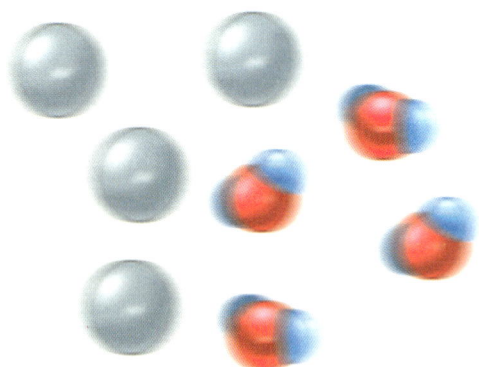

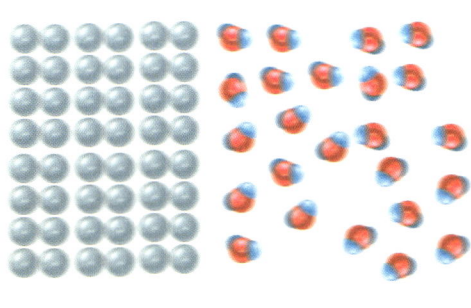

03 동물의 체온 유지

생물이 살아가기 위해서는 에너지가 필요합니다.
동물은 어떤 과정을 통해서 에너지를 얻을까요?
에너지를 이용해 체온을 유지할 수 없는 동물은
어떤 방법으로 겨울을 날까요?

팽숙아, 너도 같이 놀자.

아무것도 안 먹었더니 힘이 없어.

왜? 쌀이라도 떨어졌니?

다이어트 중이얏!

❶ 몸에서 열은 어떻게 만들어질까?

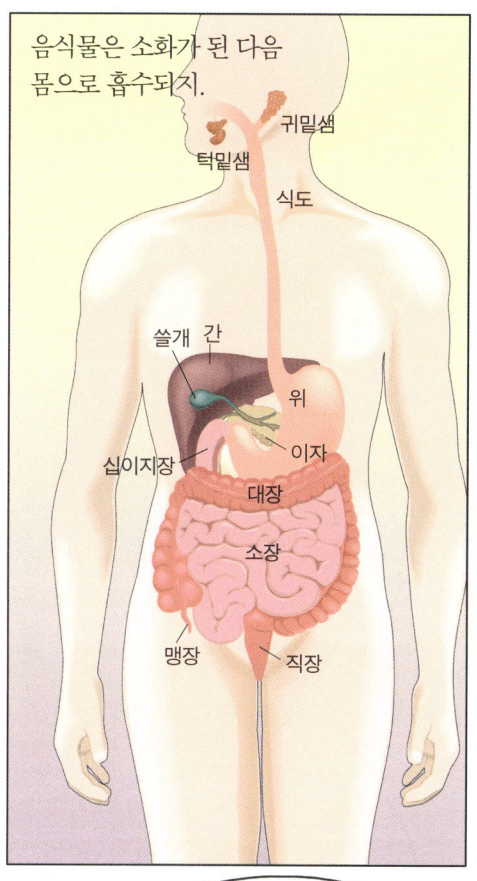
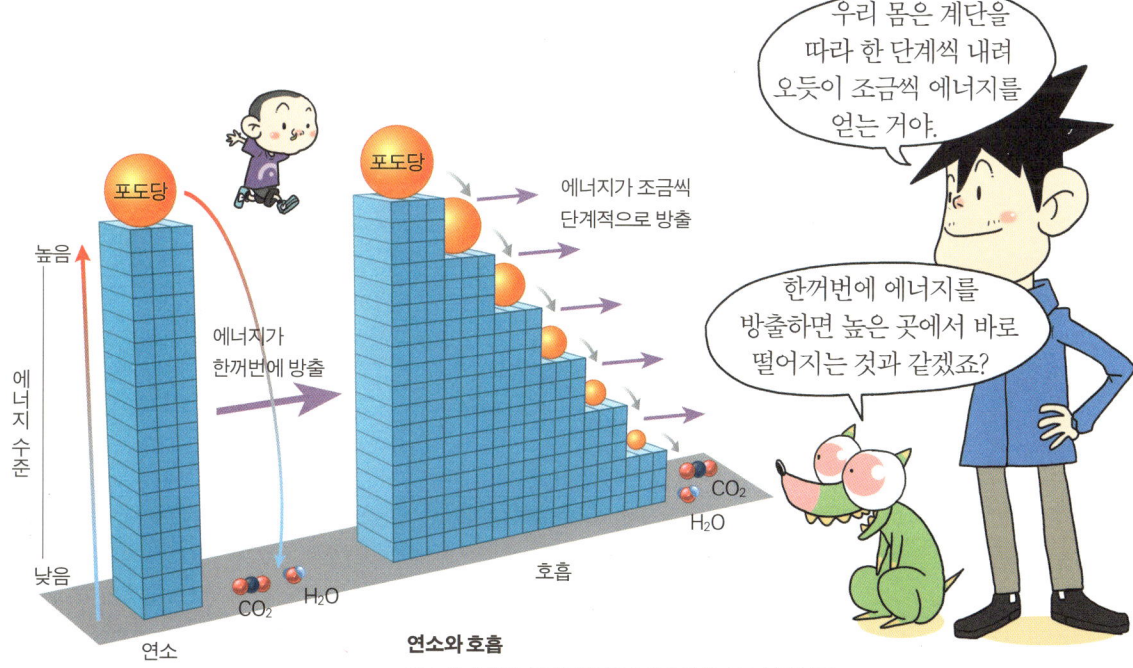

연소와 호흡
연소와 호흡은 유기물을 물과 이산화 탄소로 분해시켜 에너지를 얻는다는 측면에서는 공통점을 갖지만, 생물의 호흡은 산화 시간이 긴 데 비해 연소는 산화 시간이 짧다.

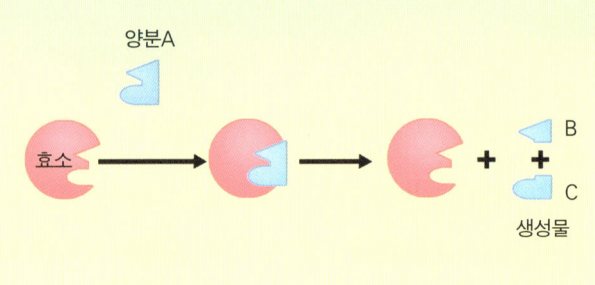

❷ 내 몸에 '온도 조절기'가 있다?

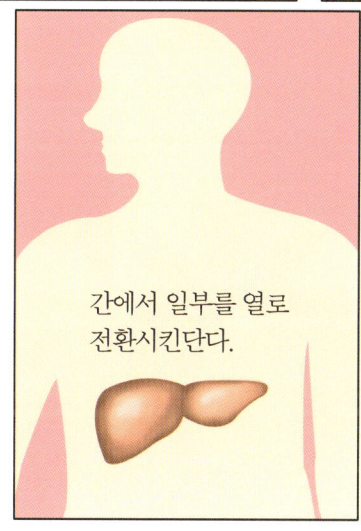

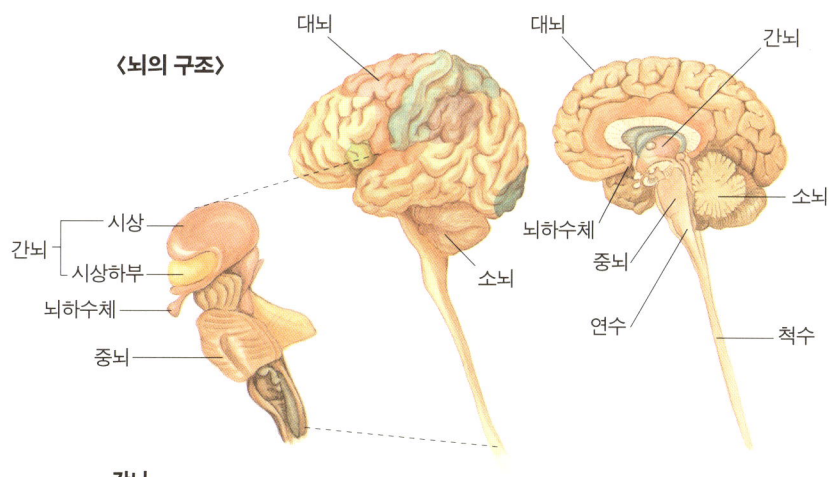

〈뇌의 구조〉

간뇌
척추동물 뇌의 한 부분으로 대뇌와 소뇌 사이에서 내장과 혈관의 활동을 조절하는 기관이다.

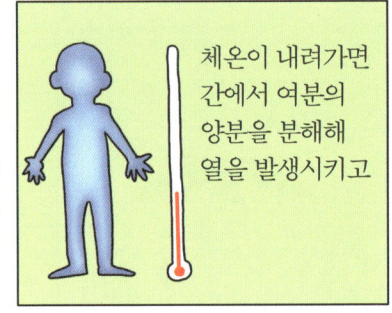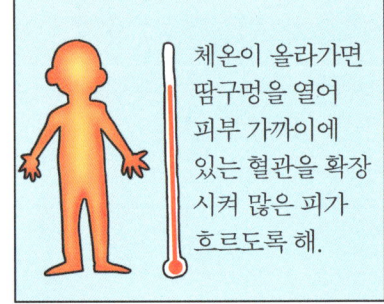

❸ 동물의 체온 유지

사람을 비롯해 개, 고양이, 닭 등은 체온 조절이 가능하기 때문에 다양한 기후에서 활동할 수 있지.

정온 동물 체온을 일정하게 유지하기 위해 체내에서 스스로 열을 발생시키는 동물. 포유류와 조류.

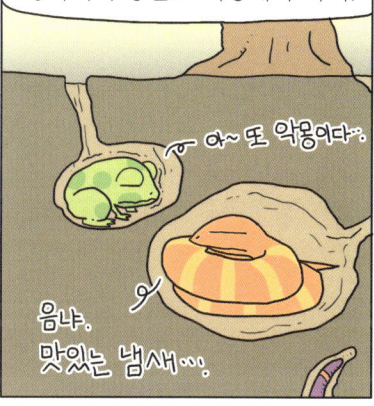

하지만 뱀, 도마뱀, 곤충 등은 체온 조절이 불완전해.

변온 동물은 스스로 열을 내는 방식으로 체온을 유지할 수 없어.

날씨가 추워지면 따뜻한 땅속이나 동굴로 이동해야 하지.

아~ 또 악몽이다.

음냐. 맛있는 냄새….

변온 동물 주위의 온도에 따라 체온이 변하는 동물. 무척추 동물과 어류, 양서류, 파충류.

곰도 겨울잠을 자잖아요?

곰은 포유류니까 정온 동물.

정온 동물은 스스로 열을 내는데?

곰도 먹을 것을 구하기 힘든 겨울이 되면 체온 유지를 위해 겨울잠을 자지.

적게 먹고 조금만 움직여 에너지 소모를 줄이기 위해서야.

음냐~ 늘어지게 자 볼까?

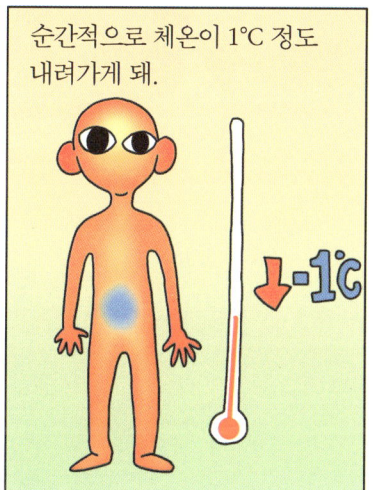

 교과서 밖 과학

동물은 어떻게 체온을 유지할까?

뱀이나 개구리 같은 변온 동물은 스스로 체온을 조절할 수 없기 때문에 겨울이 되면 얼핏 보기에 죽은 것과 같은 상태로 잠을 잔다. 정온 동물 중에서도 겨울이 되어 먹을 것이 귀해지면 겨울잠을 자는 동물이 있다. 하지만 변온 동물처럼 거의 죽은 듯이 자는 것이 아니라 중간에 깨어나 가끔 먹기도 한다.

동물들이 겨울잠을 자는 곳은 주로 땅속이나 나무 밑이다. 바깥에 비해 비교적 따뜻하기 때문이다.

개구리
몸의 기능을 정지시킨 상태에서 겨울잠을 자고, 몸속에는 자동차의 부동액과 같은 성분이 있어서 몸이 얼지 않도록 한다.

너구리
개과 동물 중에서 유일하게 겨울잠을 자는 동물로, 겨울잠을 자기 전에 미리 바위 이끼와 마른 풀 등을 긁어 모아 잠잘 곳을 마련해 둔다.

고슴도치
동굴이나 나무 구멍, 땅속에서 겨울잠을 자고, 이때 체온은 1~2℃까지 내려가며 맥박도 1분에 3번 정도밖에 뛰지 않는다.

 교과서 밖 과학

갈라파고스 섬에는 왜 양서류가 없을까?

16개의 화산섬으로 이루어진 갈라파고스 제도는 남아메리카 대륙에서 서쪽으로 약 1,000km 떨어진 동태평양에 있다. 생태계의 보고로 알려진 이 섬은 다윈의 진화론이 탄생된 곳으로도 유명하다.

  1835년 비글호를 타고 갈라파고스를 방문한 다윈은 이곳에 사는 생물들의 특이함에 깊은 감명을 받아 "갈라파고스 섬의 자연사는 매우 특이하다. 마치 이곳 자체가 하나의 세계인 것 같다."라고 썼다. 다윈이 찾았을 때 이곳에는 등껍질의 지름이 2m가 넘는 거대한 거북이 선인장 같은 식물을 먹고 살고 있었으며, 다윈이 등에 올라타도 아무런 관심이 없었다고 한다. 또한 무섭게 생긴 이구아나도 있었고, 새들은 어찌나 얌전한지 다윈이 가까이 가도 날아가지 않았다고 한다. 그런데 갈라파고스 섬에는 양서류가 단 한 종도 살고 있지 않다. 왜 그럴까?

갈라파고스 섬에 살고 있는 포유류는 쥐와 박쥐 등 10종뿐이다. 일반적으로 대륙의 생태계에서는 최종 소비자가 포유류이지만 이곳에서는 파충류가 그 주인공이다. 섬마다 다른 모양의 코끼리거북이 있고, 육지뿐 아니라 바다에도 이구아나가 산다. 해류의 영향으로 물고기가 풍부하기 때문에 해안가에는 그것을 먹고 사는 조류가 89종이나 살고 있다. 세계에서 가장 작은 갈라파고스펭귄과 조류의 89%와 파충류의 86%가 갈라파고스에서만 볼 수 있는 고유의 종이다.

왜 갈라파고스 섬에는 개구리나 맹꽁이 등은 볼 수 없고 거북이와 도마뱀 종류들만 그렇게 많은 걸까? 이에 대해 하나의 가설을 생각해 보자. 갈라파고스 제도는 화산 폭발에 의해 바다 밑에서 지각이 융기해 생성된 화산섬이다. 따라서 이 섬이 생성되었을 당시에는 생명체가 없었을 것이다. 그 뒤 남아메리카로부터 식물의 씨앗과 동물이 유입되었을 것으로 보인다. 식물의 씨앗이나 새들은 바람을 타고 왔을 테지만 동물들은 바다를 표류해서 왔을 것이다. 동물들이 바다를 건너는 것은 쉽지 않다.

이런 상황을 생각해 보자. 맹렬한 열대 폭풍이 몰아친 뒤 나무가 뿌리째 뽑혀 바다로 떠내려간다. 여기에 몇 마리의 작은 동물이 붙어서 함께 표류하게 된다. 오랜 여행 끝에 우연히 이 나무가 갈라파고스 섬에 도착했다. 이 나무가 1~2주 동안 표류하다 섬에 도착했다면 파충류는 살아남을 수 있지만 포유류와 양서류는 살아남을 수 없다.

오랫동안 바다를 표류하면서 살아남으려면 두 가지 조건이 만족되어야 한다. 첫째, 체온 유지이다. 파충류와 양서류는 변온 동물이고, 포유류는 정온 동물이다. 변온 동물은 주변의 온도 변화에 따라 체온이 조절되므로 바닷물에 노출되었을 때 체온이 낮은 상태로 유지된다. 따라서 체내에 저장된 에너지만 충분하다면 표류 생활을 오랫동안 해도 살아남을 수 있다. 그러나 정온 동물인 포유류는 항상 일정하게 체온을 유지해야 하므로 체온이 낮아지

갈라파고스거북 등딱지 길이는 1m가 넘으며, 주로 초원에 살고 얕은 물에도 들어간다. 선인장류를 먹으며 2~25개의 알을 낳고 수명은 180~200년 정도이다.

바다이구아나 몸 길이가 1.5m 정도이며 갈라파고스 섬에서만 산다. 공룡과 비슷하게 생겼으며 해안의 바위 위에서 주로 산다. 미역이나 파래 등의 해조류를 주로 먹는다.

면 높이기 위해 에너지를 생성시켜야 살아남을 수 있다. 즉, 포유류가 표류하게 되면 차가운 바닷물로 인해 너무 많은 에너지를 소모하게 되어 살아남기 어려웠을 것이다. 둘째, 방수가 되는 피부이다. 파충류와 포유류는 두께는 다르지만 방수가 되는 피부로 인해 높은 염도의 물에서 허우적거리면서도 살아남을 수 있다. 그러나 양서류는 방수가 되지 않는 연약한 피부를 갖고 있다. 따라서 바닷물에 노출되거나 피부가 건조해지면 살아남기 어렵다.

또한 바다를 건너서 살아남은 동물들은 원래 살던 남아메리카와는 매우 다른 조건에 놓이게 되었을 것이다. 그곳에는 경쟁할 상대가 없어 먹이는 풍부했겠지만 새로운 먹이에 적응해야 했다. 이때 파충류는 새로운 환경에 잘 적응했다. 변온 동물인 파충류는 체온도 잘 유지할 뿐 아니라 갈라파고스의 독특한 환경에 잘 적응했기 때문에 번성할 수 있었다.

파랑발가마우지

다윈이 그린 생명의 계통수 스케치 1837년 다윈은 자신이 비밀 노트에 처음으로 생명의 계통수를 그려 보았다.

다윈과 핀치새

지질학적으로 갈라파고스 제도의 형성 시기는 지금부터 100만~200만 년 전으로 추정된다. 갈라파고스 제도는 다윈의 진화론이 탄생한 곳이다. 현재 에콰도르의 국립공원으로 지정되어 있으며, 13종의 핀치새가 서식한다. 먹이의 종류, 서식 장소에 따라 부리의 모양·크기·깃털의 색깔 등이 다르다. 핀치새는 한 종의 조상으로부터 분화한 것으로 보이며, 사는 곳의 환경에 맞추어 진화한 것으로 여겨진다.

약 1,000 km

다윈(1809~1882)

갈라파고스 섬의 위치

판타
마르체나
적도
④ 산살바도르
❶ 페르난디나
산타크루스
이사벨라
❷
❸

〈갈라파고스 핀치〉

   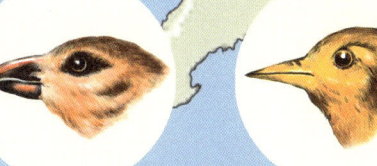

❶ 큰땅핀치
부리가 매우 크고 깃털이 검은색이다. 부리로 벌레를 잡아먹거나 딱딱한 씨앗을 깨서 먹는다.

❷ 중간땅핀치
부리가 작고 검은색이다. 견과류 외에 씨앗이나 작은 애벌레를 잡아먹으며 산다.

❸ 딱따구리핀치
나무에 구멍을 파서 애벌레를 잡아먹거나 선인장 가시를 부리로 물어 애벌레를 찔러 잡아먹는다.

❹ 개개비핀치
깃털은 밝은색이며 주로 곤충을 잡아먹으며 살아간다.

04 대기 중의 열 순환

태풍은 해마다 여름이 되면 찾아오는 불청객이지요. 강한 바람과 폭우를 동반하는 태풍은 막대한 재산 피해와 인명 피해를 가져옵니다. 이러한 태풍은 왜 발생하는 것일까요?

❶ **바람은 왜 부는 걸까?**

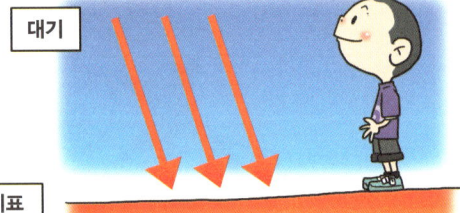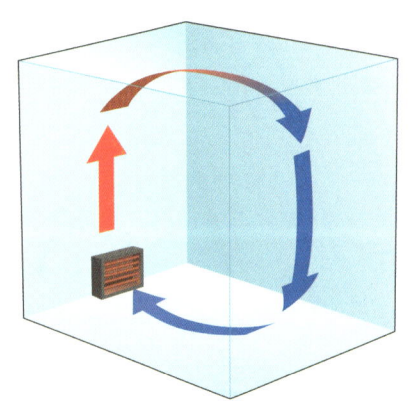

❷ 대기의 순환은 열의 순환 과정

❸ 태풍의 역할

 **과학 톡톡**   　　　**대기의 순환은 열 순환 과정**

저위도 지역일수록 태양의 고도가 높아 더 많은 복사 에너지를 흡수한다.

복사 에너지
열은 태양으로부터 빛의 형태로 이동해 온다. 이때 지표면의 위치에 따라 햇빛이 들어오는 각도가 달라지는데, 이를 태양의 고도라고 한다. 지표면이 받는 태양 복사 에너지의 양은 태양의 고도에 따라 달라진다. 지표가 흡수하는 복사 에너지의 양은 태양의 고도가 높을수록 많아지고, 고도가 낮을수록 적어진다. 따라서 저위도 지방이 고위도 지방에 비해 더 많은 복사 에너지를 흡수한다.

지구가 흡수하는 태양 복사 에너지
그림에서처럼 빛을 받는 면과 손전등이 이루는 각의 크기가 커지면 동일한 면적에 도달하는 복사 에너지의 양은 증가한다. 따라서 태양의 고도가 높은 저위도일수록 더 많은 에너지를 흡수하여 기온이 높아진다. 태양이 높게 떠 있는 여름철이 낮게 떠 있는 겨울철에 비해 기온이 훨씬 높은 이유도 태양의 고도가 높을수록 단위 면적이 흡수하는 복사 에너지의 양이 증가하기 때문이다.

전향력(코리올리의 힘)
1828년 프랑스의 코리올리가 정리한 이론으로, 회전하는 물체 위에서 나타나는 가상적인 힘이다. 코리올리 힘의 크기는 운동하는 물체의 속력에 비례하고, 방향은 운동 방향에 수직으로 작용한다.
지구도 자전하고 있기 때문에 이러한 힘이 나타나는데, 북반구에서는 운동 방향에 대해 오른쪽으로 작용하고 남반구에서는 왼쪽으로 작용한다.

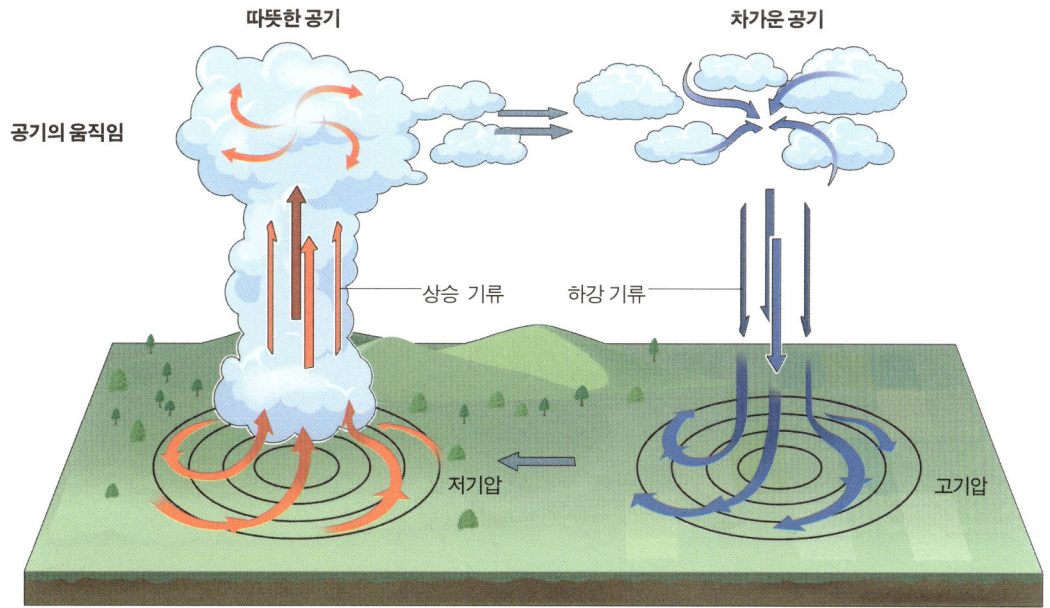

저기압·고기압에서의 공기 움직임-북반구
공기의 상승 운동이 일어나는 곳에는 저기압이 형성되며, 부족한 공기는 시계 반대 방향으로 휘어져 불어 들어온다.
반면 공기가 하강하는 고기압 지역에서는 하강한 공기가 지표를 따라 시계 방향으로 불어 나간다.

> 세상을 빛낸 과학, 과학자들

옛사람들이 떠올린 생각들 (기원전 600~529)

우리가 살고 있는 세계를 과학적으로 탐구하려고 시도한 최초의 사람은 아마도 그리스인일 것이다. 그리스 사람들은 혼돈으로부터 질서를 만들고 세상을 체계화하는 방법으로, 그리고 태양이나 날씨와 같이 거대한 힘을 지배할 수 있는 방법으로 과학에 큰 관심을 가졌다. 기원전 600년경부터 그리스 사람들은 식물과 태양을 관찰하고 하늘의 천체들이 어떻게 움직이는지 알아내기 위해 애쓰기 시작했다.

　기원전 400년경에는 피타고라스가 수학과 음악에서 규칙을 찾는 데 관심을 가졌으며, 수학적으로 증명하는 방법을 고안했다. 그리스 시대의 여자들은 과학 공부를 할 수 없었지만, 피타고라스는 여자를 제자로 두기도 했다. 얼마 뒤 소크라테스는 진실과 거짓을 결정하는 논리적 방법을 개발하기도 했다. 기원전 300년경에는 아리스토텔레스와 다른 철학자들이 식물과 동물을 관찰하는 연구를 했고, 여러 종류의 식물과 동물을 몇 가지 형태로 분류했다. 이는 혼돈으로부터 질서를 만드는 방식의 하나로 여겼다.

　아리스토텔레스 이후에 자신들의 생각과 이집트, 페르시아, 인도 등으로부터 온 지식을 바탕으로 히포크라테스와 다른 그리스의 의사들은 중요한 의학 서적을 썼다. 이 책은 그 후 수백 년 동안 사용되었다.

피타고라스

피타고라스는 기원전 400년경에 살았던 그리스의 첫 번째 수학 사상가였다. 그는 대부분의 생을 그리스의 식민지였던 시실리와 남부 이탈리아에서 지냈다. 결혼을 한 적이 없으며, 자신을 따르는 사람들을 가르쳤다. 피타고라스학파 사람들은 순수한 삶을 산 것으로 알려져 있다. 예를 들어, 그들은 콩이 순수하지 않다고 생각해서 먹지 않았을 정도였다. 머리를 길게 길렀으며, 간편한 옷을 입었고, 맨발로 다녔다.

피타고라스학파 사람들은 철학에 관심을 가졌고, 특히 혼돈으로부터 질서를 이끌어 내는 방식으로 음악과 수학에 큰 관심을 가졌다. 음악은 이치에 맞는 소리이며, 수학은 세상의 작동에 대한 규칙이라고 생각했다.

피타고라스는 '피타고라스의 정리'를 증명한 사람으로 잘 알려져 있다. 사실 피타고라스보다 2,000년 전의 수메르 사람들은 이미 '피타고라스의 정리'가 일반적으로 옳다는 것을 알았고, 측정에도 이용하고 있었다. 하지만 피타고라스는 이것이 언제나 옳다는 것을 증명했다.

'피타고라스의 정리'는 직각삼각형에서 직각을 낀 두 변 길이의 제곱의 합은 빗변의 길이의 제곱과 같다는 것이다. 즉, $A^2 + B^2 = C^2$이라는 것이다. 만약 A가 4cm이고 B가 3cm이면, 4×4=16, 3×3=9, 그리고 9+16=25이므로 C의 길이는 5cm가 될 것이다. 다른 크기의 직각삼각형의 경우에도 옳다. 피타고라스는 어떤 크기의 삼각형에서도 이것이 언제나 옳다는 것을 증명했다.

이처럼 피타고라스는 수에 대한 강한 믿음이 있었으며, 우주는 완벽한 수학적 조화를 이루고 있다는 확고한 신념을 가졌다. 이는 이후 우주는 기하학적인 조화를 이루고 있다는 플라톤의 사고와 함께 근대 과학자들에게 중요하게 받아들여져, 과학과 우주에 대한 기본적 믿음이 되었다.

히포크라테스

다른 고대나 중세의 사람들과 마찬가지로 그리스 사람들에게 질병은 심각한 문제였다. 세 명의 아이 중 한 명은 한 살이 되기 전에 죽었고, 아이의 절반은 열 살이 되기 전에 죽었다. 그리고 성인도 40대나 50대에 대부분 사망했다.

환자를 검진하는 히포크라테스

따라서 그리스 사람들은 질병의 원인과 그것을 치료하는 방법을 찾기 위해 과학적 관찰과 논리를 사용하는 데 큰 관심을 가졌다. 기원전 300년경과 그 후의 그리스 의사들은 질병을 이해하는 논리적 체계를 세웠다. 그들의 저작물을 당시 가장 유명한 의사였던 히포크라테스의 이름을 따서 '히포크라테스 의학서'라고 한다.

히포크라테스 의학의 논리적 체계는 체액에 바탕을 두고 있다. 당시 의사들은 인간은 네 가지 물질인 피, 검은 즙, 노란 즙, 그리고 점액으로 이루어져 있다고 생각했다. 건강한 상태에서는 네 가지 체액이 균형을 이루고 있으며, 각각이 적절한 양을 차지하고 있다. 하지만 넷 중 하나의 체액이 더 많으면 불균형이 생겨 몸이 아프게 된다. 예를 들어, 피가 너무 많으면 열병을 앓게 된다. 따라서 이때는 몸속에 있는 피의 양을 줄이는 처방을 받게 된다. 그리스 의사들은 이를 위해 피가 나오도록 팔을 잘랐다. 이렇게 하면 열이 떨어진다고 생각한 것이다. 또는 팔에 거머리를 올려놓아 피를 빨아먹도록 하기도 했다. 그리스 의사들이 이 처방을 너무 자주 사용했기에 그들은 때때로 '거머리'라 불리기도 했다. 실제로 영어에서 거머리를 뜻하는 'leech'에는 의사라는 뜻도 포함되어 있다. 그들은 이것이 매우 좋은 방법이라고 가르쳐서 150년 전까지만 해도 많은 의사가 이 방법을 사용했다.

아리스토텔레스

서양의 과학사에 오랫동안 가장 큰 영향력을 끼쳤던 사람은 누구일까? 바로 아리스토텔레스다. 그는 고대 그리스의 자연철학을 완성했고 모든 학문을 통합했으며, 서양의 과학사 2,000년을 지배한 사람이다.

아리스토텔레스는 그리스의 마케도니아에서 대대로 의사인 집안에서 태어났다. 그는 어렸을 때 플라톤의 아카데미아에 들어갔다. 당시 플라톤은 이미 많이 늙은 상태였다. 아리스토텔레스는 아카데미아에서 매우 뛰어났지만 지도자가 되지는 못했다. 플라톤이 죽은 뒤에도 다른 사람이 아카데미아를 이끌었다. 아마 아리스토텔레스는 몹시 화가 났을 것이다. 이에 아리스토텔레스는 아카데미아를 떠나 한 왕자의 가정교사가 되었다. 이 왕자가 자라서 알렉산드로스 대왕이 되었다.

플라톤과 아리스토텔레스

알렉산드로스가 왕이 되자 아리스토텔레스는 아테네로 돌아가 리케이온에 자신의 학원을 세우고 플라톤의 아카데미아와 경쟁했다. 두 학교는 수백 년 동안 성공적이었다.

아리스토텔레스는 소크라테스나 플라톤보다 과학에 더 관심이 많았다. 그는 소크라테스의 논리적 방법을 적용하여 실제 세상이 어떻게 되어 있는지를 알아내고자 했다. 이에 아리스토텔레스를 오늘날 과학적인 방법의 진정한 아버지라 할 수 있을 것이다. 아리스토텔레스는 특히 식물과 동물을 관찰하고 분류하는 생물학에 관심이 많았다. 알렉산드로스는 서아시아를 여행하면서 이상한 식물을 발견할 때면 아리스토텔레스에게 식물을 보내 연구할 수 있도록 했다.

하지만 기원전 323년에 알렉산드로스 대왕이 죽자 아테네에서 마케도니아를 반대하는 여론이 드세졌고, 여론은 아테네에 있는 아리스토텔레스의 입장을 매우 곤란하게 만들었다. 소크라테스가 아테네의 법정에 불경죄로 기소되었던 것과 마찬가지로 아리스토텔레스도 불경죄로 고소되었다. 하지만 그는 "아테네 시민들이 철학에 대해 또 한 번 죄를 저지르지 않도록 하기 위해…"라고 말하면서 리케이온을 떠나 먼 곳으로 피신했고, 그곳에서 지병이던 위장병으로 사망했다.

아르키메데스

아르키메데스는 생의 대부분을 시라쿠사에서 보냈다. 시라쿠사는 시칠리아 섬에 있던 그리스의 식민지였는데, 그는 그 섬의 통치자 히에론 2세와 절친한 친구 사이였다. 히에론 2세는 어떤 문제가 생기면 늘 아르키메데스에게 해결을 부탁했다.

어느 날, 히에론 왕은 금 세공인에게 맡긴 금관이 과연 순금으로 만들어졌는지 아니면 다른 불순물이 섞여 있는지를 알아내 달라고 부탁했다. 아르키메데스는 왕관을 부수지 않고 순금으로 되어 있는지 밝혀야 하는 매우 어려운 문제에 부딪혔다. 그는 이 문제를 해결할 방법을 찾기 위해 끝없이 고민했다.

어느 날 아침, 아르키메데스는 목욕할 준비를 하면서 이 문제에 빠져 있었다. 큰 욕조에는 가장자리까지 물이 가득 차 있었고, 그가 탕 속으로 들어가자 물이 흘러넘쳤다. 이와 같은 일은 이전에도 수백 번 이상 있었지만 이에 대해 생각해 본 적은 처음이었다.

"내가 탕 속에 들어갈 때 얼마나 많은 양의 물이 흘러넘쳤을까?" 하며 스스로에게 물어보았다. "내 몸의 부피에 해당하는 만큼의 물이 흘러넘쳤을 것이다. 그러면 부피가 나의 반 정도인 아이가 들어가면 물은 반만 흘러넘칠 것이다. 이제 내가 아니라 왕관을 넣으면 어떻게 될까? 왕관의 부피에 해당하는 만큼의 물이 밖으로 넘칠 것이다. 그렇다면 금은 은보다 무거우니까 같은 무게일 때 부피가 작다…. 따라서 1,000g의 순금은 700g의 금과 300g의 은이 섞인 금속보다 부피가 작을 것이다. 만약 왕관이 순금으로 되어 있다면 다른 1,000g의 순금을 물에 넣었을 때 흘러넘치는 양과 같은 양의 물이 넘칠 것이다. 마침내 알았다! 유레카!"

아르키메데스는 몸에 아무것도 걸치지 않았다는 사실도 잊었다. 옷도 입지 않은 채 왕 앞으로 달려가 소리쳤다. "유레카! 유레카!" 이것은 우리말로 "알았다! 알았다!"라는 뜻이다.

왕관을 실험한 결과 그것은 1,000g의 순금보다 많은 양의 물을 넘치게 한다는 사실이 밝혀졌다. 금 세공사가 왕을 속였다는 것은 의심할 여지가 없었다.

그 후 아르키메데스는 지레와 복합 도르래를 비롯한 많은 기계를 설계하기도 했다. 지레로 얼마나 큰 힘을 낼 수 있는가를 많은 사람에게 알리기 위해서 이렇게 말한 적도 있다.

"나에게 디딜 수 있는 땅을 준다면 지구도 들어 올리겠다."

왕은 아르키메데스에게 그런 기계를 사용하여 어떤 일을 할 수 있는지 실험해 보이라고 명

지레를 이용해 지구도 들어 올릴 수 있다고 한 아르키메데스

했다. 아르키메데스는 이를 증명하는 실험을 위해 복합 도르래 하나와 돛대 세 개가 달려 있는 배 한 척을 준비시켰다. 그는 우선 복합 도르래에 긴 밧줄을 맨 뒤, 그 한 끝을 배에 맸다. 다음에는 다른 한 끝을 잡고 배에서 멀리 떨어져 갔다. 그러고는 구경꾼들이 지켜보는 가운데 모래밭에 앉은 채 밧줄을 천천히 당겼다. 배는 마치 고요한 바다 위를 달리듯 부드럽고 일정한 속력으로 아르키메데스가 앉아 있는 쪽으로 미끄러져 왔다.

구경꾼들은 모두 깜짝 놀랐다. 그들은 도르래를 본 적이 없었고, 여러 사람이 힘을 합하지 않고는 할 수 없는 일을 혼자서 손쉽게 해내는 것을 보고는 그야말로 기적이라고 생각했다. 왕은 아르키메데스가 가진 지식의 가치를 깨닫고, 그에게 전투용 기계를 만들도록 지시했다.

아르키메데스가 발명한 무기에는 큰 돌멩이와 작은 돌멩이를 소낙비처럼 퍼붓는 투석기, 배가 항구에 접근할 때 충격을 줄이도록 설계한 진동식 원목, 바다 밑에 설치하여 배를 들어 올려 뒤집는 쇠갈퀴 등이 있다. 이런 무기의 위력이 얼마나 대단했던지 로마 병사들은 완전히 공포에 사로잡혀 암벽 너머로 밧줄이나 수평 막대가 나타나기만 해도 "아르키메데스가 또 신식

무기를 만들었구나!"하고 혼비백산하여 도망가기에 바빴다고 한다.

아르키메데스가 발명한 신무기 덕분에 시라쿠사는 안전할 수 있었다. 그러나 결국 기원전 212년 로마군의 기습에 의해 시라쿠사는 함락되고 말았다.

그의 죽음에 관해서는 전해 오는 몇 가지 이야기가 있는데, 그중 하나는 아르키메데스가 해안의 모래 위에 기하학의 도형을 그리면서 연구에 열중하던 중 로마군 병사로부터 살해됐다는 것이다. 병사가 로마의 장군 앞으로 출두하라고 했지만, 아르키메데스는 연구 중인 기하학 문제를 풀기 전에는 움직일 수 없다고 버텼다. 그러자 로마군 병사는 화를 내며 칼을 뽑아 그를 살해했다고 한다.

프톨레마이오스의《알마게스트》

프톨레마이오스는 고대 천문학의 완성자로서 17세기 유럽에서 일어난 과학 혁명이 시작될 때까지 천문학에 가장 큰 영향을 끼친 사람이다. 프톨레마이오스의 천문학 이론은 아리스토텔레스의 우주론과 결합하여 만들어졌고, 중세에는 크리스트교와 결합했다. 근대 과학 혁명의 시작은 그의 이론을 깨뜨리는 것에서 시작되었다고 해도 과장된 말이 아니다.

　프톨레마이오스는 아리스토텔레스의 이론에 어긋나지도 않고 자신의 관측 결과와도 일치하는 방법을 찾아 체계화하여 책을 펴냈는데, 이 책이 '가장 위대한 책'이라는 의미를 가진《알마게스트》이다.

　천동설을 주장하던 당시의 사람들에게 가장 문제가 되었던 것은 수성, 금성, 화성, 목성, 토성과 같은 행성의 움직임이었다. 지구가 우주의 중심에 있으며, 모든 천체가 원 궤도를 그리며 그 주위를 돈다고 믿었던 이들에게 종잡을 수 없이 불규칙하게 운행하는 행성의 움직임은 풀기 어려운 수수께끼였다. 그러던 중 프톨레마이오스가 주전원 이론을 만들어 행성의 움직임을 설명했다.

　그는 하늘의 별들을 가벼운 기체 덩어리라고 생각했으며, 태양계 전체의 운동을 설명하기 위해 주전원 이론을 사용했다. 프톨레마이오스는 천동설의 대명사로 알려져 있지만 그가 독자적으로 천동설을 만들어 낸 것은 아니며, 그 당시 지배적이던 우주관을 종합적으로 체계화해 확립한 것이다. 그는 천문학뿐 아니라 지리학에도 많은 업적을 남겼다.《알마게스트》에 1,022개의 별 목록을 48개의 별자리로 묶어 실어 놓았으며, 별의 밝기 등급도 매겼다.

중세의 과학(530~1452)

로마의 유스티니아누스 황제가 아테네에 있던 아카데미아와 리케이온을 폐쇄하고, 아랍인들이 알렉산드리아의 박물관을 파괴하던 529년 무렵, 유럽에서 과학 활동은 사실상 중단 상태에 이르렀다. 그래서 중세를 과학의 암흑시대라고 한다. 이렇게 과학이 쇠퇴한 원인 중 하나가 로마인 때문이다. 로마인들은 이론과학에는 전혀 관심이 없었고, 단지 일상생활을 편리하게 만들어 주는 것에만 관심을 기울였다. 따라서 로마인들은 과학적 세계관을 둘러싼 논의에서 기여한 바가 거의 없었다.

중세 시대에 가장 뛰어난 과학자와 의사는 유럽인들이 아니라 남서쪽에 있던 이슬람 왕조였다. 당시 유럽에서 행해지던 과학과 의학의 대부분은 아랍 과학자와 의사로부터 배워 온 것들

연금술사

이었다. 유럽인들의 무분별했던 십자군 원정은 그 목적과는 달리 아랍의 과학 지식이 유럽으로 퍼지는 계기가 되었다.

중세 유럽 사람들은 과학적인 관찰에 깊은 관심을 가졌다. 그들은 아랍의 과학자들로부터 식물과 천문학을 배웠고, 아랍의 천문학자들로부터 천체 관측 장비 사용법을 배웠다. 그리고 1200년경 중국으로부터 나침반에 대한 것을 배웠다.

중세 과학에서 중요한 자리를 차지했던 것은 연금술이었다. 연금술사들은 사람이 영원히 사는 방법을 찾으려 했고, 특히 납을 금으로 바꾸어 준다는 '현자의 돌'에 정신을 빼앗겼다. 그 유명한 뉴턴도 말년에는 이 돌을 찾는 데 미쳐 모든 것을 내팽개쳤다고 한다. 18세기에 프랑스의 라부아지에가 비로소 과학적인 화학의 싹을 틔움으로써 2,000년 역사를 이어 오던 연금술에 마침표를 찍었다.

논리학은 중세의 가톨릭교회에서 중요한 역할을 했다. 토마스 아퀴나스 같은 사람은 논리를 사용하여 신의 존재를 증명하는 데 관심을 가졌다.

수학에서는 오늘날 우리가 아라비아 숫자(0, 1, 2, 3, 4, 5, 6, 7, 8, 9)라고 부르는 것이 서아시아에서 유럽으로 전해졌다. 숫자를 이와 같이 쓰는 방법은 원래 인도에서 나왔다.

유럽인들은 기술 분야에서는 나름대로 독자적인 길을 걷고 있었다. 그들은 새로운 농기구를 개발, 써레와 갈퀴를 이용하여 농사를 짓기 시작했다. 중세의 초기에 편자가 발명되었으며, 로마인들이 사용했던 것보다 더 좋은 말안장이 개발되었다. 또한 굴뚝이 발명되기도 했다. 중국의 발명품인 화약이 몽골 왕국을 통해 유럽으로 전해지자, 유럽인들은 대포를 발명하여 1320년경에 처음으로 사용했다.

중세 암흑시대의 어둠은 르네상스의 시작과 함께 걷히기 시작했다. 르네상스는 유럽인들이 고대인들에 대한 경외심에서 벗어나 자신들도 그리스인들이 했던 것처럼 문명과 사회에 기여할 수 있다는 것을 깨달은 시기라 할 수 있다. 코페르니쿠스가 등장하기 전까지 우주에 대한 기본 생각은 고대 그리스 이래로 크게 변한 것이 없었다. 하지만 일단 그런 사상들이 도전을 받기 시작하자 사태는 걷잡을 수 없을 정도로 빠르게 전개되었다.

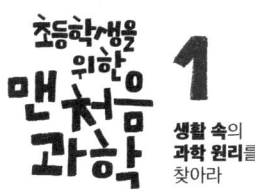

생활 속의 **과학 원리를** 찾아라

글 | 김태일
그림 | 마정원
원작 | 홍준의 · 최후남 · 고현덕 · 김태일

1판 1쇄 발행일 2007년 4월 30일
개정판 1쇄 발행일 2016년 9월 30일

발행인 | 김학원
경영인 | 이상용
편집주간 | 정미영
기획 · 편집 | 박민영 윤홍
디자인 | 김태형 유주현 최우영 구현석 박인규
마케팅 | 이한주 김창규 이정인 함근아
저자 · 독자서비스 | 조다영 윤경희 이현주(humanist@humanistbooks.com)
스캔 · 출력 | 이희수 com.
용지 | 화인페이퍼
인쇄 | 삼조인쇄
제본 | 정성문화사

발행처 | 휴먼어린이
출판등록 | 제313-2006-000161호(2006년 7월 31일)
주소 | (03991) 서울시 마포구 동교로23길 76(연남동)
전화 | 02-335-4422 팩스 | 02-334-3427
홈페이지 | www.humanistbooks.com

ⓒ 김태일 · 마정원, 2016

ISBN 978-89-6591-317-7 77400
ISBN 978-89-6591-315-3(세트)

만든 사람들

기획 | 정미영(jmy2001@humanistbooks.com)
편집 · 스토리 | 고홍준
편집 | 정은미 윤홍
디자인 | 김태형 최우영 디자인시

◎ 이 도서의 국립중앙도서관 출판예정도서목록(CIP)은 서지정보유통지원시스템 홈페이지(http://seoji.nl.go.kr)와 국가자료
공동목록시스템(http://www.nl.go.kr/kolisnet)에서 이용하실 수 있습니다. (CIP제어번호: CIP2016020474)
◎ 이 책은 저작권법에 따라 보호받는 저작물이므로 무단 전재와 무단 복제를 금합니다.
◎ 이 책의 전부 또는 일부를 이용하려면 반드시 저작권자와 휴먼어린이 출판사의 동의를 받아야 합니다.
◎ 사용연령 8세 이상 종이에 베이거나 긁히지 않도록 조심하세요. 책 모서리가 날카로우니 던지거나 떨어뜨리지 마세요.